普通高等教育"十三五"规划教材

力学专业程序实践（第2版）
——用MATLAB解决力学问题的方法与实例

Programming Practices in Mechanics（2nd Edition）
——Methods and Examples of Solving Mechanical Problems with MATLAB

聂建新　马沁巍　马少鹏 ◎ 编著

北京理工大学出版社
BEIJING INSTITUTE OF TECHNOLOGY PRESS

内 容 简 介

　　本教材分为上下两篇，上篇针对力学数据处理的特点介绍了 MATLAB 最核心的内容，包括 MATLAB 编程、计算和绘图；下篇以项目的方式介绍了用 MATLAB 解决理论力学、弹性力学、计算力学，以及实验力学等学科典型问题的方法、思路及实例。

　　本教材可作为高等院校力学专业或航空航天、机械类专业本科生和研究生的参考教材，也可为相关专业的教师和研究人员提供参考。

图书在版编目（CIP）数据

　　力学专业程序实践：用 MATLAB 解决力学问题的方法与实例 / 聂建新，马沁巍，马少鹏编著. —2 版. —北京：北京理工大学出版社，2019.3
　　ISBN 978-7-5682-6823-3

　　Ⅰ．①力…　Ⅱ．①聂…　②马…　③马…　Ⅲ.①Matlab 软件–应用–力学–高等学校–教材　Ⅳ．①O3-39

　　中国版本图书馆 CIP 数据核字（2019）第 042605 号

出版发行 / 北京理工大学出版社有限责任公司		
社　　址 / 北京市海淀区中关村南大街 5 号		
邮　　编 / 100081		
电　　话 / （010）68914775（总编室）		
（010）82562903（教材售后服务热线）		
（010）68948351（其他图书服务热线）		
网　　址 / http://www.bitpress.com.cn		
经　　销 / 全国各地新华书店		
印　　刷 / 三河市华骏印务包装有限公司		
开　　本 / 787 毫米×1092 毫米　1/16		
印　　张 / 13.5		责任编辑 / 王玲玲
字　　数 / 317 千字		文案编辑 / 王玲玲
版　　次 / 2019 年 3 月第 2 版　2019 年 3 月第 1 次印刷		责任校对 / 周瑞红
定　　价 / 39.00 元		责任印制 / 李志强

声明及致谢

（1）MATLAB®是 MathWorks®公司的注册商标，本教材中为书写和阅读方便，以 MATLAB 代替 MATLAB®。

（2）学习和使用本教材时，推荐使用 MATALB 2008 及以上版本。

（3）为符合出版规范，教材中某些图形在用 MATLAB 绘制时，对其线型和标注字体字号等做了调整。为了不影响阅读，这些调整并未显示在教材的相关程序中。

（4）教材中少数例子直接取自 MATLAB 的 Help 文件，在此对 MathWorks®表示感谢。

（5）作者多年来从一些论坛中学到很多知识和技巧，也受到不少网友的帮助，在此一并致谢。这些论坛包括：

MathWorks®的用户中心：http://www.mathworks.com/matlabcentral

水木社区 mathtools 版：http://www.newsmth.net/nForum/#!board/MathTools

Ilovematlab 论坛：http://www.ilovematlab.cn

（6）读者可通过网络从 http://masp-group.org 下载本教材中所有程序。

（7）教材的出版和其中部分实例的研究工作得到国家自然科学基金（11172039）和地震动力学国家重点实验室基金（LED2011-B03）的支持，在此致以诚挚的谢意。

第 2 版前言

本书第 1 版于 2013 年出版。自出版以来，本书受到了广大教师和学生的欢迎，曾获得北京理工大学校级优秀教材一等奖。

为适应新时代发展的需要，我们根据多年的教学实践和兄弟院校的意见，对本书第 1 版做了适当的修订。本版增加了近年来兵器安全研究中的若干典型工程问题，也订正了第 1 版中少许错误。本书可作为高等学校力学、兵器、航空宇航等相关专业本科生和研究生程序设计、数据处理和工程实践等课程的教材，也可作为力学及相关专业科研人员的参考资料。

本书第 2 版保持了初版的结构体系，仍分为上下两篇。上篇为 MATLAB 使用初步，是基础知识部分，简要介绍 MATLAB 的基本操作和高级使用技巧，最主要的目的是让学生迅速上手，并且能够自我提高；下篇为典型力学问题程序实践，是专题部分，针对若干力学问题，详细讲解应用 MATLAB 解决这些工程实际问题的方法，让学生在解决问题的过程中学习程序设计语言，提高应用技巧。

本版由聂建新、马沁巍和马少鹏共同编著。研究生范文琦、周士潮等也参与了部分章节的编写工作。此外，本书中许多例子取材于众多研究生的课题研究，在此一并表示衷心感谢。

本书虽经修改，但由于编者水平有限，疏漏之处仍在所难免，敬请读者批评指正，使本书能够得到不断提高和完善。

编著者

前　　言

　　力学的研究和实际工程中所面对的"数据处理"包括理论分析、科学计算，也包括各种实验数据的分析和处理。在计算机技术飞速发展和个人电脑全面普及的今天，一个合格的力学专业毕业生应该很好地掌握，事实上也必须掌握如何用计算机程序完成上述几种数据处理，否则很可能在科研和实际工作中"寸步难行"。

　　对于力学专业的数据处理来说，MATLAB 是一门合适的语言。MATLAB 是一门比常规高级语言更易用易学的高级语言。如果精通 C 语言，则再学习 MATLAB 时，只需几小时就能用它进行编程。更为重要的是，MATLAB 附带强大的计算和绘图函数库，几乎所有的数值计算、绘图等功能都可以用封装好的函数实现。另外，MATLAB 附带多达几十个工具箱，每一个工具箱都包含一个专业领域的大量的有特别功能的数据处理和计算函数。在以上功能和特点的基础上，MATLAB 可以非常方便地用来处理一个实际力学问题中的数据。这样的语言容易引起学生的学习兴趣。如果教学中再采用项目式的教学模式，从解决具体力学问题的需求出发，边用边学，学以致用，学生会很快体会到 MATLAB 语言的用处和好处，进而激发学习程序的兴趣，提高其应用程序解决实际问题的能力。

　　出于上述考虑，我们在工程力学专业的教学中，基于 MATLAB 语言开设了程序实践课程。课程对编程语言的学习以用为主，以学为辅；以项目为驱动，让学生主动学习，大部分内容自己学习。课程在近几年的教学实践中取得了优异的教学效果。本教材是为配合这门课程而编写的参考资料，其中也包括几年来教学过程的一些体会。

　　教材分为两部分：第一部分是基础知识部分，简要地介绍了 MATLAB 最核心的内容，最主要的目的是让学生迅速上手，并且能够自我提高；第二部分是专题部分，针对若干个力学问题，详细讲解用 MATLAB 解决这些问题的细节，让学生从解决问题的过程中学习程序设计语言，提高应用技巧。

　　本教材由马少鹏统筹，马少鹏、聂建新和马沁巍共同编著。研究生王显、赵尔强、严冬、曹彦彦、张瑞楠、刘贺同等也参与了部分章节的编写工作。全国优秀教师、北京市教学名师水小平教授对全书进行了精心审定。成稿之初，清华大学金观昌教授仔细阅读了教材，并给出了很好的修订意见。此外，本书中许多例子取材于众多研究生的课题研究，在此一并表示衷心感谢。

　　本教材可作为高等学校力学专业及力学相关专业本科生和研究生程序设计及数据处理方面的教材，也可作为力学专业科研人员的参考资料。由于编者水平有限，书中疏漏之处难免，敬请读者批评指正。

编著者

目 录

上篇 MATLAB 使用初步

下篇　典型力学问题程序实践

上 篇

MATLAB 使用初步

引 言

MATLAB 是 Mathworks 公司开发、维护并经营的一个软件系统。MATLAB 的功能很强大，以至于不能明确定义它是什么样的软件系统。

MATLAB 是一门程序语言，因此它可以和 C、Fortran 等程序语言一样被用于程序开发。MATLAB 也是进行数值计算的强有力工具。事实上，它被开发的目的就是用来进行数值计算的，它内部集成了众多的数值计算函数。MATLAB 还包含一个强有力的数据可视化函数库，可以方便地对数据进行绘图和可视化。最主要的，MATLAB 集成了很多专用工具箱，每个工具箱就是一个针对专门问题的函数库，用这些函数可以实现很多功能。如 MATLAB 的图像处理工具箱（Image Processing Toolbox），就包含了数字图像处理学科及应用中几乎所有常用功能的函数，可方便地实现复杂图像处理。

MATLAB 功能众多，如数据可视化、数值计算、偏微分方程求解、数据采集及处理等多种功能都可直接用来进行力学问题的理论分析、数值计算及实验信号采集、处理和分析。但是，要实现这些应用，必须先初步掌握 MATLAB 的基础知识和使用技巧。本篇编写的目的就是让读者熟悉和掌握 MATLAB 的基本应用。

如前所述，MATLAB 体系庞大，内容非常多，要想完全学会 MATLAB 是不现实的，并且也没必要。因此，本篇向读者介绍 MATLAB 的最核心和最基本的内容，有了这些基础，读者的深入学习就不会有根本性的障碍了。另外，本篇着重向读者介绍基本的学习方法，以期做到"授人以渔"，这样读者再遇到新的问题时，一般就可以自行解决了。

对于 MATLAB 的新手来说，本篇是下篇的基础，但如果读者熟悉 MATLAB，则可跳过本篇，直接进行下篇的阅读和练习。

第 1 章

MATLAB 简介

Mathworks 公司对 MATLAB 的定义是：MATLAB is a high-performance language for technical computing. It integrates computation, visualization, and programming in an easy-to-use environment where problems and solutions are expressed in familiar mathematical notation. 这一段话全面而准确地概括了 MATLAB 的功能和特点。读懂了这句话，就了解了 MATLAB 的精髓[①]。本章力图通过解释这句话向读者展示 MATLAB 的功能和特点。

1.1 MATLAB 的功能

1.1.1 "language"——MATLAB 是一种语言

MATLAB 是一种编程语言。既然是语言，就和 Basic、Fortran、C 一样，可以用来编程（Programming）。

例 1：用 MATLAB 写一个最简单的程序。

```
>> %The first MATLAB program
s='This is my first MATLAB program!';
disp(s)
```

输出结果为

```
This is my first MATLAB program!
```

直接将上面这个语句（第一句是注释，可以不要）在 MATLAB 的 Command Window 中运行，或者建一个脚本（.m 文件），将此句话输入后运行，都会在 MATLAB 的 Command Window 中输出 "This is my first MATLAB program!"。

例 2：生成一个等差数列{1,3,5,7,9}，并将大于 5 的数变为 0。

```
>> %A MATLAB program to create a vector and to change its elements
a = 1:2:10
```

输出结果为

```
a =
     1     3     5     7     9
```

---

① 但如果能够真正读懂这句话，你肯定已经是 MATLAB 编程高手了。

```
for i = 1:5,
    if a(i) > 5
            a(i) = 0;
    end
end
a
```

输出结果为

```
a =
    1    3    5    0    0
```

从上面两个例子可以看出，MATLAB 确实可以像其他编程语言一样，用来写程序，只是语法稍有差异而已。

1.1.2 "computing"——MATLAB 可以用来计算

如果了解数值方法且编程水平足够高，则任何编程语言都可以用来计算。但由于 MATLAB 内置了很多计算方法及其函数实现，即使不懂数值方法，也可以进行一些复杂计算。

例 3：求一个矩阵的逆阵，并进行矩阵相乘运算。

```
>> a = [1 2;3 4]
b = inv(a)
c = a*b'
```

输出结果为

```
a =
    1    2
    3    4
b =
  -2.0000    1.0000
   1.5000   -0.5000
c =
     0       0.5000
  -2.0000    2.5000
```

解释：inv()是 MATLAB 的函数，表示求矩阵的逆阵。b'表示矩阵 b 的转置。

从 MATLAB 的名字可以看出，MATLAB 是以矩阵运算见长的[①]。MATLAB 的矩阵运算都经过很好的优化，且大多用内部函数实现，因此计算效率很高。虽然 MATLAB 是解释性语言，但矩阵运算在 MATLAB 环境中并不慢。除矩阵运算外，MATLAB 中还提供了很多其他数值计算的函数，包括微积分、插值、拟合等，此外，还专门有优化、微分方程求解等工具箱，可以很方便地调用这些函数进行数值计算，且计算速度较快。

例 4：进行最小二乘直线拟合。

```
>>%A MATLAB program to fit the experimental data using
%least square method and then plot the result
```

---

① MATLAB 的名字来源于 "Matrix Laboratory" 两个词的缩写和组合。

```
x=1:10;
y = 3*x + 5 + rand(1,10)*4;
plot(x,y,'ko');
hold
p = polyfit(x,y,1);
y1 = polyval(p,x);
plot(x,y1, 'color', 'k', 'linewidth', 3)
xlabel('X');
ylabel('Y');
legend('noisy data', 'fitted line');
```

拟合结果如图 1-1 所示。

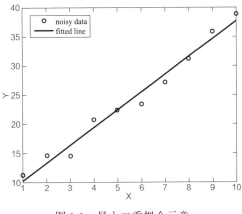

图 1-1　最小二乘拟合示意

上例中仅用 polyfit 一个函数就完成了数据的最小二乘拟合（该函数可以完成任意阶次的多项式拟合）。

由于 MATLAB 语法简单，用 MATLAB 进行计算非常方便。事实上，如果不善于或不喜欢使用 Windows 的计算器，MATLAB 完全可以用作一个计算器。如在 Command Window 中输入

```
>>100.9+301/43
```

输出结果为

```
ans =
107.9000
```

MATLAB 甚至还可以进行符号运算，如例 5 所示。

例 5：求一个符号矩阵的特征值。

```
>>% A MATLAB program to calculate the eigenvalues of matrix
syms a b c
sigma = [a b; b c];
p_sigma = eig(sigma);
```

```
p_sigma
1/2*a+1/2*c+1/2* (a^2-2*a*c+c^2+4*b^2)^(1/2)
1/2*a+1/2*c-1/2*(a^2-2*a*c+c^2+4*b^2)^(1/2)

p_sigma =
 a/2 + c/2 - (a^2 - 2*a*c + 4*b^2 + c^2)^(1/2)/2
 a/2 + c/2 + (a^2 - 2*a*c + 4*b^2 + c^2)^(1/2)/2

ans =
 a/2 + c/2 + (a^2 - 2*a*c + 4*b^2 + c^2)^(1/2)/2

ans =
 a/2 + c/2 - (a^2 - 2*a*c + 4*b^2 + c^2)^(1/2)/2
```

上述计算结果是矩阵的两个特征值的表达式①。

1.1.3　"visualization"——MATLAB 是数据可视化工具

MATLAB 中有完整的、专门的数据可视化函数和工具，可供用户方便地将复杂的计算结果显示成各种对应图形。下面给出一些用 MATLAB 进行数据可视化的例子。图 1-2 是用 MATLAB 中的 plotyy 函数绘制的双 y 轴曲线。图 1-3 是用 MATLAB 中的 peaks 函数和 surfc 函数生成的数据的曲面和等值线。

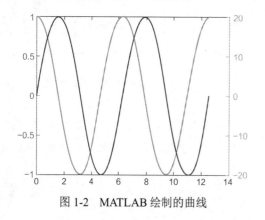

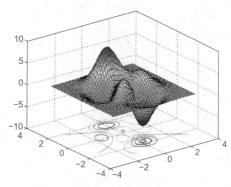

图 1-2　MATLAB 绘制的曲线　　　　　图 1-3　MATLAB 绘制的曲面

图 1-4 是用 MATLAB 中的 slice 函数绘制的流体数据的四维显示图。用颜色表示第四维信息。图 1-5 是用 MATLAB 中的 surface 函数画的三维贴图效果。在图 1-5 中，将人脸二维照片的颜色数据作为三维图的颜色矩阵。

除此之外，MATLAB 还有专门的虚拟现实工具箱，为动态复杂数据的可视化提供了可能。

---

　　① 由材料力学或弹性力学知识可知，如果 a，b，c 分别代表正应力和剪应力，则此计算结果是平面应力状态两个主应力的表达式。

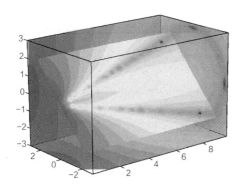

图 1-4　MATLAB 绘制的四维数据图　　　　　图 1-5　MATLAB 绘制的人脸三维数据贴图

1.2　MATLAB 的体系

通常所说的 MATLAB 是指包括 MATLAB 主体部分、MATLAB 工具箱及 Simulink 模块的整个 MATLAB 软件系统。Simulink 模块用于动态系统仿真，其功能比较特殊，也比较独立，本教材在此不做介绍，有需要的读者请参阅 MATLAB 的"Help"文件或相关的教程。本篇只简要介绍 MATLAB 主体部分及 MATLAB 工具箱。

主体部分可视为 MATLAB 的基础，而工具箱是 MATLAB 的延伸，但也是重要且不可或缺的部分。MATLAB 体系可以用图 1-6 来表示。

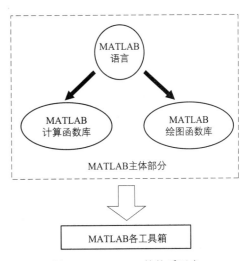

图 1-6　MATLAB 的体系示意

1.2.1　MATLAB 主体部分

MATLAB 主体部分是 MATLAB 的基础，是其精华所在。主体部分实现了 MATLAB 的编程、基本数学计算及数据可视化功能。

事实上，MATLAB 主体部分最核心的功能是用作一门编程语言。如果仅仅如此，MATLAB 就只是一种解释性[①]编程语言，与最早的 BASIC 没多大区别。如果不考虑运行方式，与 Fortran、Pascal 和 C 也没什么区别。仅有的区别就是 MATLAB 语言在数据结构上的特点，即以矩阵为最基础的数据结构。

但是，MATLAB 之所以特别，就是因为它在编程语言的基础上内置了众多函数（主体部分的函数主要是数学计算和数据可视化函数），使 MATLAB 具备了数值计算和数据可视化这两大功能。数学计算和数据可视化部分分别相当于数学计算函数库和数据可视化函数库。

MATLAB 主体部分中的数值计算主要包括线性代数、多项式及插值、数据分析及统计、傅里叶（Fourier）分析、微积分、常微分方程求解等。MATLAB 主体部分中数据可视化的

---

① 编程语言按其运行方式分为编译性和解释性。如早期的 Basic 语言是解释性编程语言，而 Fortran、C 等属于编译性编程语言。

主要功能有：二维、三维及多维数据的多种方式展示，图形的高级控制及图形用户界面（GUI）编程等。

MATLAB 主体部分在数值计算和数据可视化部分的函数库功能齐全、性能优越且设计风格统一，已经完全融入 MATLAB 语言中，非常方便用户使用。

1.2.2　MATLAB 工具箱

MATLAB 附带了很多工具箱（Toolbox），并且每次发布新版本时，工具箱几乎都要增加。按 F1 键打开 MATLAB 的 "Help"，在窗口左边显示了 MATLAB 所有的工具箱。

一般来说，每个工具箱针对一个具体的问题，如图像处理工具箱（Image Processing Toolbox）专门针对数字图像处理问题、偏微分方程工具箱（Partial Differential Equation Toolbox）是偏微分方程（组）求解函数的集合等。一个工具箱中包含若干函数。实际上，工具箱也是一个函数库，在功能方面与 MATLAB 主体中的数值计算和数据可视化部分相同。但有一点区别：主体部分的核心函数都是内置函数，是用 C 语言编写并编译过的；而工具箱中的函数都是基于 MATLAB 的二次开发，即用 MATLAB 语言写的.m 文件。用 Editor 打开这些文件，即可看到源代码。

MATLAB 工具箱一般具有较深厚的专业背景。本篇基本不涉及工具箱的内容。在下篇中，将从实例出发，在用到某工具箱时，对该工具箱进行简单介绍。

1.3　MATLAB 的特点

MATLAB 的设计思想和 MATLAB 的体系决定了 MATLAB 的特点。MATLAB 设计时就带有明显的目的性，这就决定了它在处理擅长的问题时的优势和处理不擅长问题时的劣势同样明显。

1.3.1　MATLAB 的优势

（1）一个实例

事实上，Mathworks 关于 MATLAB 描述的第一句话——"MATLAB is a high- performance language for technical computing"，就已经指出了 MATLAB 的优势。"technical computing" 大概是指科研人员或工程技术人员在研究中要进行的那种数据处理。与 "technical computing" 相区别的是 "scientific computing"。天气预报中的计算（输入云图或其他观测数据，是用已有的算法经过超大计算量的计算得到的结果）或者用数值方法模拟核爆炸（模拟巨大数量的原子的行为）的计算属于 "scientific computing"。这类计算强调的是计算速度，对算法的性能及硬件的处理速度比较关注。算法是事先就确定好的，也就是说，模型（方程）是一定的。而科学研究中的数据处理，即 "technical computing"，与此不同。在这类计算中，模型是不确定的，而确定合理的数据处理方法并从中得到规律，即寻找模型（方程），正是科研工作者的主要任务。下面举一个简单例子来说明。

例 6：对一组实验数据进行插值，寻找合适的插值方法。

```
>>%Interpolation using different methods
```

```
x = 0:10; y = sin(x);
plot(x,y,'o');

xi = 0:.25:10;yi = interp1(x,y,xi,'nearest');
figure;plot(x,y,'o',xi,yi)

yi = interp1(x,y,xi,'linear');
figure;plot(x,y,'o',xi,yi)

yi = interp1(x,y,xi,'cubic');
figure;plot(x,y,'o',xi,yi)

yi = interp1(x,y,xi,'spline');
figure;plot(x,y,'o',xi,yi)
```

解释：程序首先生成一个数据点阵（如图 1-7 中的圆圈所示），然后用 4 种不同的插值方法（近邻插值法、线性插值法、三次多项式插值法及样条插值法）进行数据点的加密。用曲线绘制插值结果，以观察效果。

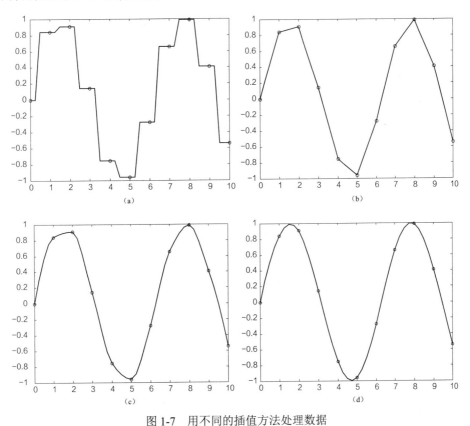

图 1-7　用不同的插值方法处理数据

（a）近邻插值法；（b）线性插值法；（c）三次多项式插值法；（d）样条插值法

例6中数据处理的目的是寻求一种最合适的数据插值方法，因此，要测试不同的插值算法。在这个任务中，最主要的工作是用程序实现不同的插值算法，如近邻插值、线性插值、三次多项式插值及样条插值等。研究者主要的任务是用代码实现上述几种算法，如果没有现成的函数可利用，这些算法的实现，包括测试，是相当费时的。

从上面的分析可知，两种计算针对的问题不同，面临的主要任务也不同。"Technical computing"更像是"scientific computing"的"前传"。Scientific computing 可以用 Fortran 或者 C 语言等完成，但要用 Fortran 或者 C 语言完成如上所述的 Technical computing 就很难了。因为用户不得不自己编程去实现众多的计算和绘图算法，以测试和验证自己的想法。而 MATLAB 如上所说，集编程、计算及可视化于一体，是完成上面所述的 Technical computing 理想选择。

事实上，MATLAB 常被一些人诟病的一个主要原因就是它计算速度慢，计算时间长。但如果将程序开发的时间考虑在内，MATLAB 的"计算速度"是很快的。事实上，对于科研工作者来说，做一个计算，时间主要消耗在算法的开发上，而不是程序的运行上。MATLAB 可以大大节省算法开发的时间，从而大大提高科研工作者的工作效率。

（2）MATLAB 的优势

MATLAB 的优势更细致地体现在以下 3 个方面。

1）矩阵操作

如前所述，MATLAB 数据结构的基础是矩阵，因此，MATLAB 的运算基本上都可以直接针对矩阵进行。这样，在编写 MATLAB 程序时，可以直接写成例 7 所示的形式。

例 7：用 MATLAB 进行矩阵运算。

```
>> a = [1 2; 3 4]
b = a + 1
a =

    1    2
    3    4

b =

    2    3
    4    5
```

给矩阵每个元素加 1，在 MATLAB 中可以直接写成例 7 中的形式，而不用像 C 程序那样写成：

```
>> for (int i=0; i<2; i++)
for (int j=0; j<2; j++)
      b[i][j] = b[i][j] + 1;
   end
end
```

这就是前面所说的"familiar mathematical notation"。这种书写格式与平时读者在推导公式时的写法非常类似，很容易被用户接受，同时，在很大程度上也方便了程序的编写。

2）计算与绘图

如前所述，MATLAB 是集编程、计算及数据可视化三者于一体的软件系统。前面也分析了科研工作者所面临的主要问题，基于分析，可以认为 "language" "computing" "visualization" 3 个功能的集成直接导致了 MATLAB 在 Technical computing 方面的 "high performance"。可以说，MATLAB 是最适合科研工作者的计算工具。

3）专业的工具箱——如虎添翼

如前所述，MATLAB 包括很多工具箱。每个工具箱集合若干函数，专门针对一个具体的问题。从这个角度讲，MATLAB 工具箱就是专门针对一个问题的函数库。这些函数库是专门人员经过精心设计的，其性能和质量都有保障。

MATLAB 目前有数十个工具箱，每次大的改版，都会增加一些工具箱。此外，网上还有很多个人编写的工具箱，用户可以根据需要给自己的 MATLAB 系统加一个工具箱。这些工具箱是 MATLAB 的 "财富"。有了这些工具箱，很多复杂问题都可能直接调用函数解决。因此，工具箱也是 MATLAB 之所以具有 high performance 的重要因素之一。

1.3.2　MATLAB 的劣势

MATLAB 的特点和体系同时也决定了 MATLAB 的劣势。MATLAB 在以下几个方面不太擅长。

（1）独立的应用程序

MATLAB 是一种解释性语言（像很久以前的 BASIC 程序一样），也就是说，MATLAB 程序须在 MATLAB 环境下才可运行。说得更通俗一点，如果想在一台机器上运行 MATLAB 程序，那么这台机器上需安装 MATLAB 系统。这一点与编译性语言不同。例如，用 C 语言编写了一个程序，可以将其编译成可执行文件，然后可将其在任何一台机器上运行（只要操作系统不冲突），不管这台机器是否安装了 C 语言的编译器。这种可以脱离开编程语言环境的应用程序称为 "Stand-alone application"。MATLAB 是不擅长做 "Stand-alone application" 的。所以，如果想制作一个软件产品用于销售，MATLAB 绝对不是一个好的选择。因为，客户买了程序后，还需要安装 MATLAB 才能运行购买的程序。因此，客户不但要买软件，还要买 MATLAB。

（2）与硬件接口

用 MATLAB 实现用硬件接口，不是一个好的选择。编程语言按照与机器代码关系远近，分为低级语言和高级语言。如汇编语言是低级语言，Basic、Fortran 等属于高级语言。C 语言也是一门高级语言，但稍微偏低级一些。相比而言，MATLAB 可以称为 "超高级" 语言。越是高级的语言，人们使用起来越容易，但离机器底层越远，也就是离硬件越远，就越难控制。汇编语言在很多人看来是 "天书"，但却离硬件很近，因此，高级的控制程序就直接用汇编语言写。

目前，MATLAB 也专门提供了与硬件的接口，并且有专用的工具箱，如 Data Acquisition Toolbox、Image Acquisition Toolbox 等，还提供了设备驱动程序设计的模块，也有调用 dll 库函数的接口。但与 C 语言等相比，MATLAB 在与硬件打交道方面并不擅长。

（3）大型应用

MATLAB 不擅长开发大型应用程序。MATLAB 的"方便"正好为其语言的不严格埋下了"祸根"，因此，用 MATLAB 开发大型应用程序会遇到很多问题。总而言之，MATLAB 根本就不是为开发大型应用程序而设计的。

需强调的是，上面提到了 MATLAB 的 3 个"不擅长"，是指 MATLAB 在做这些工作时，相对于一些专用的高效工具来说，功能比较弱，或者做起来很烦琐，但并不是说 MATLAB 不能做这些事。事实上，MATLAB 也提供了编译器，以及与其他语言混编的接口，供用户制作独立可运行程序；新版的 MATLAB 提供了多个数据采集工具箱，就是专门用于和硬件接口的（本书下篇中的例子中就用到了这样的工具箱）；MATLAB 语言中现在也丰富了"类"等内容，为大型应用程序设计提供了支持。事实上，许多 MATLAB 工具箱中的例子本身就是用 MATLAB 开发的大型应用的例子。目前，MATLAB 不能做的事越来越少了。新版的 MATLAB 中不断有工具箱加进来，可以完成一些新的任务。此外，MATLAB 是一个开放的系统，用户只要肯下功夫，很多事都是可以实现的。

>>> 第 **2** 章

MATLAB 快速入门

本章指导读者如何快速掌握 MATLAB 的使用方法。学习 MATLAB 的最好的办法就是边用边学，在短时间内了解 MATLAB，掌握最基本的可以解决问题的本领，学习最重要的内容，然后学会如何查看"Help"，这样基本就能够使用 MATLAB 了。

学习 MATLAB 应该快速入门，也可以快速入门。那么，怎样才算是入门了呢？如何入门呢？由第 1 章对 MATLAB 体系的介绍可知，入门过程应该是这样的：第一步，掌握 MATLAB 编程语言；第二步，初步掌握或了解 MATLAB 的计算和数据可视化功能。这样，基本就可以用 MATLAB 解决问题了。

当然，如果遇到某些深入的专业问题，可能需要深入掌握 MATLAB 的计算或绘图功能，或者要用到某个或某几个工具箱。有了前面入门的基础，对计算和绘图功能的深入掌握及工具箱的学习就很容易了。

MATLAB 的入门，可以通过自学来实现。本篇也是按这个思路来设计的。后面的每部分内容基本都是提供一个自学的提纲，即将作者认为重要的内容列举出来，重要概念强调一下，具体的学习过程由读者自己完成。

自学 MATLAB 最好的方法是看 MATLAB 自带的"Help"，因为它是最全面、最权威的。

2.1 Help yourself

MATLAB 有两种查看"Help"的方法，下面分别介绍。

2.1.1 Help 浏览器

单击"Help"→"Full Product Family Help"或"Help"→"MATLAB Help"（或按 F1 键）或"Help"→"Using the Desktop"或"Help"→"Using the Command Window"或"Help"→"Demo"，都会启动 MATLAB 的"Help"浏览器①。如单击"Help"→"MATLAB Help"，或直接按 F1 键，启动窗口如图 2-1 所示。

（1）"Help"浏览器的结构

在"Help"的"Contents"标签中，MATLAB 的内容（不包括"Simulink"）被组织

---

① 使用上面几种方法会弹出同一个浏览器，只是展开的位置有差异。

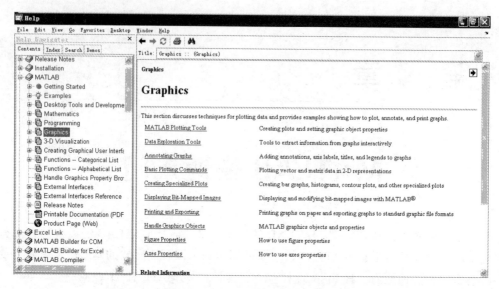

图 2-1　MATLAB 的"Help"界面

成 3 个部分：第一部分是关于版本的说明（"Help"→"Release Notes"）及安装帮助（"Help"→"Installation"），一般情况下，读者可以忽略这部分；第二部分是 MATLAB 主体部分的帮助（"Help"→"MATLAB"），这一部分是本书的关键，也是读者学习 MATLAB 的最重要的部分；第三部分是 MATLAB 各工具箱的帮助（从"Help"→"MATLAB"之后到"Simulink"之前）。

了解上述内容有利于读者快速地查阅相关帮助。如果确实不知道某些功能或函数的位置，也可以用"Help"的"Index"和"Search"标签进行定位和搜索。

"Help"中的"Demos"标签提供了 MATLAB 的若干个应用实例。有主体部分的实例，也有工具箱的实例。这些精巧的实例有助于读者快速了解 MATLAB 的一些功能。"Demos"中还提供了一些多媒体教程，有助于读者快速掌握 MATLAB 的某些功能。

（2）各部分"Help"的内容组织

MATLAB 各部分"Help"的内容组织得非常详细且精巧。每一部分首先对该模块功能做主体介绍，然后给出详尽的例子，接着按功能将模块内容分类，进行详细介绍，最后还给出所有函数的列表。图 2-2 是 MATLAB 主体部分的"Help"，从中可以看出"Help"中的组织结构。

MATLAB 的工具箱有几十个，并且有较强的专业特征，用户不可能学完，也没有必要全部学完。但空闲的时候可以打开 MATLAB 的"Help"，多看每个模块、每个工具箱的功能描述及例子，这样可以对各个模块及工具箱的功能

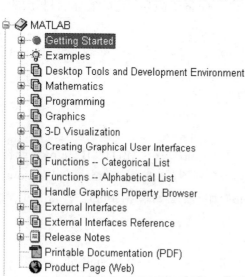

图 2-2　MATLAB 主体部分的"Help"

有所了解,用的时候直接找相应的函数就行了。等再深入学习的时候,可以进一步看每个函数的功能描述,了解每个函数都可以做什么事。当掌握了足够多的函数的功能时,你就成为 MATLAB "高手"了。

（3）函数的具体说明

读者最终应用的是 MATLAB 的函数,所以,各函数的"Help"是 MATLAB 中最关键和最重要的。掌握 MATLAB 中各函数的"Help"的组织形式,有助于读者快速掌握 MATLAB 函数"Help"的阅读和理解。下面以 plotyy 函数为例,简要说明"Help"的组成,如图 2-3 所示。

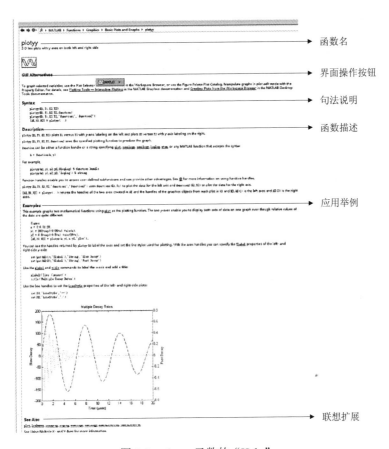

图 2-3　plotyy 函数的"Help"

MATLAB 函数的说明形式比较固定,一般都按上面这种模式（有的函数无应用举例）。最后一段的 See Also 很重要。如果忘记要用的函数名,或者根本就不知道这个函数名,可以先"Help"一下与此函数有关的函数,从 See Also 这儿"顺藤摸瓜",就可找到想要的函数名了。

2.1.2　Help 命令

也可以在 MATLAB 的"Command Window"中查看 MATLAB 函数的"Help"。在"Command Window"中键入

```
>> Help command_name (or function_name)
```

将会显示 MATLAB 命令的文本"Help"。这里显示的内容与上面显示的内容基本相同，但只为纯文本格式，不可能显示图形、公式及特殊的符号等。

事实上，这种"Help"方法是最常用的。因为，大多数时候用户记不准具体函数的用法（事实上也没必要记住），可以在"Command Window"中用"Help"查看函数的帮助。

在每个 MATLAB 函数（命令）[①]文件的前面（从函数定义下一句开始），都有注释文字来描述此函数的功能、用法及应用的例子。"Command Window"中的"Help"的作用就是显示这一段注释。因此，读者在自己编写函数时，最好也养成添加描述此函数功能、用法及应用例子的注释的习惯。

还有一种调出函数"Help"的方法，就是使用 doc。在"Command Window"中键入

```
>> doc command_name (or function_name)
```

也会显示函数的"Help"。但此时是启动"Help"浏览器的相应部分。相对于"Help"命令，doc 启动较慢，并且需要重新启动一个窗口，比较烦琐。

总之，"Help"浏览器的内容适合学习，而"Command Window"中的"Help"命令适用于查阅。

2.2　MATLAB 操作简述

MATLAB 的操作很简单。正如前面 Mathworks 的介绍中所说，MATLAB 有一个"easy-to-use"的"environment"，这个环境就是通常所说的 MATLAB 界面。

2.2.1　MATLAB 界面

MATLAB 的界面在 MATLAB 中称为 MATLAB 的桌面（Desktop），为了和 Windows 的桌面相区分，这里称为界面。图 2-4 所示是 Windows 操作系统下的 MATLAB 的界面[②]。

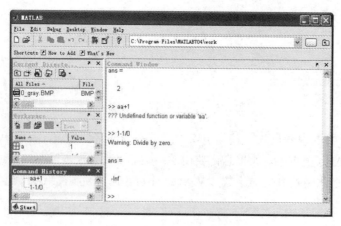

图 2-4　MATLAB 主界面

---

① 即使是内部函数，MATLAB 也单独建立了一个专门的.m 文件，只包含函数名和此段注释。

② 对于其他操作系统下的 MATLAB，作者只用过 Linux，其界面与 Windows 下的界面基本相同。

从图中可以看出，除了 Windows 程序常规的菜单和工具条外，MATLAB 界面分成两部分，分别为命令窗口区和辅助窗口区。如果觉得命令窗口区过小，也可以将辅助区全部关掉。事实上，早期版本的 MATLAB 就只有一个命令窗口区。

（1）命令窗口区的主要功能

1）命令窗口区用于输入命令并加以执行。

在命令窗口区输入一个 MATLAB 命令，并按 Enter 键，则执行该命令。

MATLAB 命令包括：

① 一条 MATLAB 的编程语句。

如输入

```
>> a = 2;
```

则给变量 a 赋值 2。

输入

```
>> 3+5;
```

则进行两个数的加法运算，得到答案 8。

② 一个 MATLAB 程序脚本文件名。

如建立一个脚本文件 test1.m[①]，其中包括以下几句话：

```
a = 2;
b = 3;
c = a + b;
c
```

然后，在命令窗口中输入"test"并按 Enter 键，则执行上述脚本，并得到输出为

```
>> c =
    5
```

③ 一个 MATLAB 函数（包括 MATLAB 的内部函数、外部函数及自己定义的函数）的调用格式

如输入

```
>> magic（4）
```

则表示调用 MATLAB 的 magic 函数，并以 4 为参数，得到结果为

```
>> ans =
    16    2    3   13
     5   11   10    8
     9    7    6   12
     4   14   15    1
```

这是一个 4 阶的魔术方阵，即每行、每列及主副对角线上元素之和都为 34。

2）命令窗口区是 MATLAB 唯一的输出区域

---

① 标准的方法是用 MATLAB 的 Editor（其用法将在后面介绍）建立，但.m 文件是纯文本文件，用任何一种文本编辑软件，如 Notepad，都可以，但文件扩展名一定要为.m。

MATLAB 运行过程和操作过程中的所有信息都输出在命令窗口区。如，命令执行的结果、运行过程中的警告和错误提示等。

如，在命令窗口区输入

```
>> magic (4,4)
```

则以红色显示

```
>>??? Error using ==> magic
Too many input arguments.
```

提示出错，在调用 magic 函数时，使用了过多的输入参数[①]。

（2）命令窗口的相关设置

要想正确、高效地使用命令窗口，需要了解命令窗口的相关设置。为了让读者了解一些基本的情况，先提几个问题：

① 我想重新执行上一次输入的命令，需要重新再输入一遍命令吗？

② 运行过程中产生的变量还可再用吗？它们保存于何处？

③ 如果在命令执行中打开或保存一个文件，那么其默认路径指向何处？

④ 调用一个命令时，需要写全命令的路径吗？

这几个问题的答案涉及了 MATLAB 命令窗口的一些基本配置。下面分别叙述。

command history

MATLAB 可将最近执行过的命令（不管对错）保存下来，称为 command history。MATLAB 最近的版本中还专门提供了一个"command history"窗口，命令历史就显示在窗口中。

在"Command Window"中按上下键会按顺序显示命令历史。要想重新执行以前执行过的命令，用上下键找到后按 Enter 键即可（如果命令有错，修改后按 Enter 键即可）。也可在"command history"窗口中双击该命令。在命令窗口可直接选择想重新执行的命令，省去了多次按上下键的麻烦。

workspace

MATLAB 运行时，会有一块内存用于保存所有变量的数据。这些变量会保存到 MATLAB 关闭为止，除非用户中途清除了它们。

下面着重介绍几个关于工作空间的命令，以便读者迅速掌握 workspace 的使用方法。掌握了 workspace 的使用方法，读者的 MATLAB 水平就会有一个大的提升。

➢ whos

whos 的作用是列出目前 workspace 中的所有变量，显示它们的名字、大小（维数）、所占字节数及数据类型。

例 1：生成三个矩阵，并查看其信息。

```
>>%a program to create matrix and display their information
a = [1 2 3; 4 5 6];
b = [a ; a];
c = a(2,3);
```

---

① magic 函数的输入参数只有一个。读者可以自己参考"Help"。

```
whos
Name    Size       Bytes  Class
  a     2x3          48   double array
  b     4x3          96   double array
  c     1x1           8   double array
Grand total is 19 elements using 152 bytes
```

　　size 一项非常重要。很多时候，程序运行结果不对，只要用 whos 查看中间变量的 size，可能就找到原因了。

　　whos 还有几种其他用法（包括只显示一个或几个变量的信息），请读者自己查看"Help"。

　　MATLAB 专门提供了显示 workspace 的窗口，workspace 的变量全部显示在其中。图 2-4 所示的工作空间显示窗口就显示了工作空间中目录保存的变量，可以通过双击其中的变量来查看变量的内容。

　　➤　clear

　　如前所述，workspace 中的变量是放在内存中的，因此，如果在 workspace 中存放太多过大的变量，内存会被"吃掉"很多。所以，及时清除不用的变量是一个好习惯。

　　clear 命令就是用来清除 workspace 中的变量的。这个命令很简单，在此不再细述。运行 clear 一次，会将 workspace 中所有变量清除。需要强调的是，有时可能不希望清空所有变量，只希望清除某个或某几个变量，那么可以用下面的调用形式：

```
>> clear var1 var2 var3
```

　　其中，var1、var2、var3 分别代表 3 个不同的变量。

　　➤　save 和 load

　　前已提及，当 MATLAB 关闭后，workspace 会清除掉所有变量。但有时需要保存某些变量，或者在应用过程中想在清除其他变量之前保存某几个变量，这时可以将变量保存在文件中。

　　MATLAB 专门提供了一种文件格式，用来保存 MATLAB 变量，这就是.mat 文件。

　　用 save 命令可以将变量保存成.mat 文件，而用 load 命令可以从文件中调入变量。例如

```
>> save filename
```

就可以将 workspace 中所有变量存入 filename.mat 文件中，而

```
>> load filename
```

可以将 filename.mat 中所有变量调入，变量名不变。

　　例 2：保存 workspace 中的变量。

```
>>%a program to save and load variables
a = [1 2 3; 4 5 6];
b = [a ; a];
c = a(2,3);
save fabc %将所有变量存入 fabc.mat 中
clear %清空
whos
```

这时无变量显示，表示所有变量被清空。但可以去看一下 MATLAB 的当前工作目录[①]，会发现多了一个文件，就是 fabc.mat。

```
>> load fabc
whos
```

输出结果为

```
Name   Size      Bytes  Class
  a    2x3         48   double array
  b    4x3         96   double array
  c    1x1          8   double array
Grand total is 19 elements using 152 bytes
```

也可以只保存部分变量，其格式为

```
>> save filename var1 var2 var3
```

关于 workspace，还需强调的是 ans 变量。如果在输入算式时，没有给算式赋值，那么 MATLAB 会自动将结果赋给 ans 变量。

例 3：ans 变量举例。

```
>> a = [1 2 3];
a + 1
```

输出结果为

```
ans =
    2    3    4
```

编程时，这个变量没什么大用。在 Command Window 的操作中，如果忘了给一个算式赋值，又不想重写一遍（连回翻都懒），可以用这个变量。

current directory

工作目录就是字面的意思。如果不指定路径，MATLAB 打开、保存文件的默认目录就是当前工作目录。

MATLAB 打开时默认的工作目录是$\work。$指 MATLAB 的安装目录。在启动 MATLAB 后，指定一个自己的工作目录是一个好的习惯。否则，所有的程序、数据都存在$\work 下，这样做至少有两个缺点：第一，所有的工作都混在一起，不利于分类整理；第二，重装系统或重装 MATLAB 时，很可能由于忘记备份 MATLAB 安装目录（其中包括$\work）而丢失自己的工作。

指定工作目录的方式很简单。MATLAB 会保留最近指定过的工作目录[②]。只需在下拉菜单中选择即可。如果要指定的工作目录未出现在下拉菜单中（未使用过或很久以前使用过），可以单击下拉菜单右边的按钮，打开文件目录管理器并指定一个。

search path

在编写 C 程序时，如果想用一个函数，除非这个函数在当前目录中，否则需要用 include

[①] 关于工作目录的概念，请看 "current directory" 中的介绍。

[②] 如果 MATLAB 非正常关闭，则本次使用过的工作目录不会保存。

命令将包含此函数的库包进你的程序。也就是说，要告诉编译程序，到哪里去找这个函数。MATLAB 也一样，必须告诉 MATLAB 去哪里去找这些命令。这些目录称为 search path。默认情况下，search path 包括 MATLAB 所有的工具箱及$\work。一般情况下，这也就够了。你自己的函数放在当前目录中，MATLAB 的函数都已经在 search path 中了，不管是调用你的函数，还是调用 MATLAB 的函数，都可以。

有两种情况可能需要设置 search path：第一，要新安装一个工具箱，这个工具箱可以是从网上下载的，也可以是用户自己写的；第二，使用者比较细致，在开发一个稍大的程序时，想将定义的函数单独放在一个目录中。

将新的目录加入 search path 中的方法很简单。在 MATLAB 主界面下单击 "File" → "Set Path…"，会弹出如图 2-5 所示的对话框。

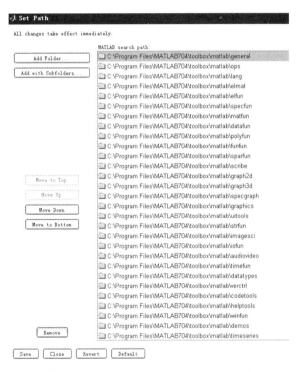

图 2-5　MATLAB 的 "Set Path" 对话框

用这个对话框设置 search path 很简单。试着用一下上面的按钮就知道了。

需要强调的是，这些目录在搜索中是有先后顺序的。MATLAB 在搜索时的顺序是，当前目录最先，然后按照 path 的顺序搜索。因此，当在工作目录中写了一个函数，但与 MATLAB 某函数重名时，MATLAB 中的函数将被屏蔽。用户在写函数时，应尽量注意不要与 MATLAB 的函数重名。

2.2.2　MATLAB Editor

MATLAB Editor 是 MATLAB 的编程环境，相当于其他编程语言的 IDE（Integrated Development Environment，集成编程环境）。启动 Editor 很简单，单击 "File" → "New" →

"m File"或直接单击工具条上的"New"（新建）按钮即可。

MATLAB Editor 的功能主要有以下两个。

（1）程序输入

编写程序时，在 MATLAB Editor 中输入程序代码。但 MATLAB Editor 比纯文本编辑器的功能要多一些，如提供了代码区别显示（如注释行与正式代码颜色不同，字符变量用另外颜色等）、换行时自动缩进、对齐等。这主要是为了让程序看起来更明了。

这些功能虽然简单，但确实很方便。此外，还有两个问题值得一提：

➢ 大块代码的注释

有时需要注释多行的代码。C 语言提供了/*...*/，可以注释多行，但 MATLAB 的注释符%只能注释一行。注释多行时，需要一行一行地加%，这样比较麻烦。事实上，Editor 中提供了一次注释多行的功能：

用鼠标选中需要注释的内容，单击右键，在出现的菜单中单击"Comment"选项（也可单击"Text"→"Comment"，或者用快捷键 Ctrl+R），则可将所选区域全部注释。如果想取消注释，可用同样的方法，即单击"Uncomment"项。

如果要注释的程序段很长，用鼠标选择并不容易，可以采取如下方法：

```
>> if 0
…
end
```

其中，"…"为要注释的所有内容。

➢ 对齐

在输入代码时，Editor 会按输入内容自动进行缩进，但如改动较大或改动次数较多（如增加一个选择结构或循环结构），缩进格式就不对了。如果需要改动的内容很多，确实很费事。

Editor 中的"Smart Ident"可以解决这个问题。选中一个区域后，单击"Text"→"Smart Ident"，可将该部分区域根据其内容自动按缩进格式对齐。

（2）程序调试

编写程序的"高手"都知道，调试程序是编程的重点和精髓。很多时候，甚至可以说几乎所有时候，调试程序花的时间比写代码的时间多。"高手"之所以是"高手"，是因为其不但能写出很好的代码，还能很快地在调试中找到代码的问题所在。很多时候，程序运行过程中的出错信息与实际的错误相去甚远，初学者往往会很"晕"，不知问题所在。这种能力是教不出来的，只有靠长期的编程经验来积累。

程序输入后，由于各种原因，可能有些地方语法不对，需要改正之后程序才能顺利执行。程序调试分两个阶段，或者说两种境界。第一阶段的任务就是改正错误的语法。这一阶段比较简单，因为 MATLAB 的出错信息会提示错误的语法。只要能看懂出错信息，几乎就会改了。程序调试的第二阶段是修改其中错误的算法。这比第一阶段要难得多，因为需要找到问题所在。程序调试的"功夫"也正在这儿。所以下面主要针对第二阶段来讲解。

1）程序调试的基本理念

程序调试的理念对于任何一门语言都是相同的。这可以说是编程的一门"内功"，是要靠长时间修炼的。但如果读者对一些基本的理念有所了解,在以后的调试过程中会很有帮助。

　　➤ 从头至尾

　　初学者在调试程序时,当程序结果不正确时,他们经常会很茫然,总是盯着输出结果的那一句话,不知该怎么下手。事实上,你的程序可能从第一句话就错了,很可能输入了错误的数据。

　　只有当程序从头到尾每一条语句都正确时,最后的结果才会是正确的。所以,如果程序结果不对,请从第一条语句看起。从第一条语句开始检查,仔细地查看每一条语句的运行结果是否正确。当检查改正到最后一个语句时,就会发现此时程序结果正确了。

　　➤ 把自己当机器

　　首先,要有个概念,即使我们把计算机称为"电脑",它仍然是一个机器,机器是没有思想的。程序也是没有思想的。如果一个问题的求解过程连自己都不懂,就不可能编写程序解决它(不包括使用别人写的函数)。

　　经常会有一些初学者在调试程序时抱怨结果不对,但当问他其中的某一句计算结果应该是什么时,他回答不出来。按照上面说的,前面正确了,后面才能正确。如果没有搞清算法的计算过程,中间结果不知道,就无从判断程序输出是否正确,那么又如何调试程序呢?

　　所以,在调试之前,要确保确实已经弄懂了算法,知道每步计算的正确结果应该是什么。计算机程序能代替你的只是计算速度,仅此而已。

　　➤ 先小后大

　　如前所述,要想调试程序,自己要先会算。但要注意,调试时一定要让程序算一个小一点的题目。例如,要计算一个 100×100 大小的矩阵的逆矩阵,可以先算一个 2×2 矩阵来调试程序。因为,调试程序时,即使你会算矩阵的逆,100×100 大小的矩阵的逆矩阵一时之间也算不出来。另外,计算小题目时,程序花费的时间更少,在调试时也不用等待太久。

　　➤ 用特例给程序"考试"

　　调试就是要保证程序的正确性,这相当于是对程序的一次考试。这个考试很重要的一点,是要保证考试程序的"健壮性"。健壮的人可以适应任何气候,而不健壮的人受到风吹日晒就会生病。调试程序时,就是要给程序一些"风吹日晒",这样能查出一些你注意不到的问题。

　　举两个例子说明问题:

　　◇ 如果把矩阵的行、列调用写反了,而在调试时又正好用了一个元素完全一样的方阵,那么就发现不了问题了。当真正用的时候,就会出问题。所以,调试时应该不用方阵,而用一个含复杂元素的矩阵。

　　◇ 程序中某个地方需要输入一个整数,但如果输入的是一个小数,程序会有什么反应?会不会死机?在调试时必须注意这些问题,尽量提高程序的"免疫力"。

　　2)MATLAB 程序调试的基本手段和方法

　　前已提及,所有语言的程序调试道理和方法都一样。程序调试的理念在前面也大概介绍了。程序调试的过程基本是这样的[①]:选一个小的,有代表性的例题;自己先算一遍;让程序一

---

① 这种方法限于初学者,"高手"们都有自己的心得。

步一步运行，检查每步的结果是否正确，若不正确，则改正程序。

这里涉及重要技术：如何给程序设置断点，即如何让程序一步一步执行。

MATLAB 的 Editor 提供了这方面的功能。图 2-6 是 MATLAB Editor 在调试程序时的截屏图，其中标示了一些重要功能。

图 2-6　MATLAB Editor 调试程序示意

各功能按钮的名称及功能见表 2-1。

表 2-1　MATLAB 程序调试功能简介

序号	名称	功　能　说　明
1	断点	使程序的执行在该行停止
2	当前行标志	表示程序正在执行的一行
3	设置断点按钮	在光标行设置断点
4	清除断点按钮	清除所有设置的断点
5	单步执行按钮	只执行一行程序
6	进入函数按钮	进入一个函数内部
7	跳出函数按钮	从函数内部跳出
8	执行程序按钮	执行程序，直到断点或程序结束
9	中断执行按钮	退出调试状态

MATLAB 的 Editor 还提供了一种更为方便和有用的.m 程序调试方法，即 Cells。读者可参考"Help"→"Contents"→"MATLAB"→"Desktop Tools and Development Environment"→"Rapid Code Iteration Using Cells"，或者"Help"→"Demos"→"MATLAB"→"Desktop Tools and Development Environment"→"Rapid Code Iteration Using Cells"。

>> **第 3 章**

MATLAB 编程

要快速掌握一门编程语言，最需要掌握 3 个方面的知识，即数据的表述、基本程序结构的语法和基本的 I/O 方法。数据是计算机程序处理的最基本元素，首先需要知道数据在这门语言中如何表示，这样才有可能写出程序。语法更不必说，任何语言都有语法，否则别人听不懂。计算机语言也如此，程序需要按规则写，让计算机的编译器或解释器能认识。I/O 方法也必须要学，因为只有掌握了基本的 I/O 方法，才能将需处理的数据导入，再将处理完的数据导出。

本章介绍 MATLAB 编程，这里假设读者已经有一定的编程基础，因此，一些最基本的概念，如常量、变量、变量命名法则、关键词等不再细说。

3.1 数据的表述

程序处理的任何信息都是数据。为了编程的方便，数据都是以一定形式表示的。因此，掌握数据的表示方式是编程的第一步。

3.1.1 数据类型

考虑到存储和计算的消耗，程序中将数据表示成不同的类型，如整型用于表示整数、字符型用于表示字符、双精度浮点型用于表示小数等。

MATLAB 为了方便，编写程序时可以不事先声明变量的数据类型（当然，这是一个不好的习惯，但对于小程序，过分关注数据类型实在没有必要），并且本身的数据类型也比较少，如用于表示数值的有"整型（int）"和"双精度型（double）"中的数据类型。对于数值型变量，如果不事先声明，MATLAB 默认数据类型为 double 型。整型数据类型按其所占字节数，分为多种，最值得注意的是 uint8，这是用来表示图像像素灰度值的一种数据类型。

例 1：将一个数据结果转为一幅图像保存。

```
>> z = peaks(256);
maxz = max(z(:));
minz = min(z(:));
Imgz = uint8(255* (z - minz) / (maxz - minz) );
imshow(Imgz);
```

图 3-1　peaks 函数数据转换成的图像

程序输出结果如图 3-1 所示。

MATLAB 中还有几个特殊变量需要关注：

➢ inf

inf 表示无穷大，例如 1/0 的结果就是 inf。

MATLAB 中的变量和函数名是区分大小写的。inf 只能写成 "inf" 或者 "INF"。

➢ NaN

NaN 表示 "Not a Number"，即 "非数"[①]。两种计算产生的结果为 NaN：0/0 和 inf - inf。

同样要注意，NaN 只能写成 "nan" 或者 "NaN"，其他形式都不对。

3.1.2　数据结构

在 MATLAB 的数据结构中，需要特别注意的是 Matrix。前面已提过，MATLAB 将所有的数据都按矩阵来处理，因此，Matrix 是 MATLAB 最基本的数据结构。

Matrix 相当于其他编程语言中的数组，但 MATLAB 为矩阵定义了许多非常方便的操作和大量的运算，使矩阵用起来比一般的数组方便很多。

对于 Matrix，以下几个方面的问题需要特别注意。

（1）矩阵元素索引

假设有一个如下式所示的矩阵。

$$A = \begin{bmatrix} 1 & 2 & 3 \\ 4 & 5 & 6 \\ 7 & 8 & 9 \end{bmatrix}$$

在 MATLAB 中可以用下面的方法生成：

```
>> A = [1 2 3; 4 5 6; 7 8 9]
A =

    1    2    3
    4    5    6
    7    8    9
```

1）一个元素的索引

MATLAB 对单个元素的索引有两种方法：双指标索引和单指标索引。

双指标索引的格式为：A(i,j)，i 为行号，j 为列号。如输入

```
>> A(3,1)
```

输出为

```
ans =
    7
```

---

① NaN 的默认数据类型是 double。

再输入

```
A(2,3)
```

输出为

```
ans =
    6
```

单指标索引的格式为：A(m)，m 为矩阵中元素的序号。MATLAB 的矩阵是按列存储的，因此，元素的序号排序方式为：A(1,1)，A(2,1)，A(3,1)，A(1,2)，A(2,2)，A(3,2)，A(1,3)，A(2,3)，A(3,3)。所以，输入

```
>> A(4)
```

输出为

```
ans =
    2
```

再输入

```
A(8)
```

输出为

```
ans =
    6
```

2）一行（列）元素的索引——"："的作用

冒号"："在 MATLAB 矩阵索引中可以代替一行或一列，用法如下。

如输入

```
>> A(1,:)
```

输出为

```
ans =
    1    2    3
```

A(1,:) 表示第 1 行、所有的列。

如输入

```
>> A(:,3)
```

输出为

```
ans =
    3
    6
    9
```

A(:,3) 表示所有的行、第 3 列。

单指标索引中的冒号表示所有的元素（按列排序），如输入

```
>> A（:）
```

输出为

```
ans =
    1
    4
```

```
7
2
5
8
3
6
9
```

3）一块元素的索引

有时需要索引矩阵的一部分，如 A 的左上角的 $2×2$ 主矩阵，这时可以采取矢量指标的形式。如输入

```
>> A(1:2, 1:2)
```

输出为

```
ans =
    1    2
    4    5
```

指标中的写法是 MATLAB 中的循环写法，$a{:}b{:}c$ 的意思是，a 为起始值，b 为步长，c 为终止值。

A(1:2, 1:2) 表示取 A 的一部分，行号限制为第 1、2 行，列号限制为第 1、2 列。A(1:2, 1:2) 等价于 A([1 2], [1,2])。如输入

```
>> A(1:2:3, 1:2)
```

输出为

```
ans =
    1    2
    7    8
```

A(1:2:3,1:2) 表示取 A 的一部分，行号限制为第 1、3 行，列号限制为第 1、2 列。A(1:2:3,1:2) 等价于 A([1 3],[1 2])。

此外，还有一个重要的变量是 end，它表示目前正在操作的矩阵的行或列或元素序号的最大值。如输入

```
>> A(:,2:end)
```

输出为

```
ans =
    2    3
    5    6
    8    9
```

再输入

```
A(1,2:end)
```

输出为

```
ans =
```

```
    2    3
```

再输入

```
A（2:end）
```

输出为

```
ans =
    4    7    2    5    8    3    6    9
```

当矩阵的维数比较大，或者根本不知道矩阵的维数时，end 是一种很方便的用法。

尽管如此，很多时候还必须知道矩阵的维数，这时可以用 size 函数。对于 size 函数的具体用法，读者可以自己查看"Help"。有两种用法需要熟练掌握：

➤ D = SIZE(X)

此种调用格式返回矩阵 X 的维数信息。D(1) 为矩阵的第一维大小信息（若 X 为二维矩阵，则为行数），D(2) 为矩阵的第二维大小信息（若 X 为二维矩阵，则为列数），依此类推。

➤ M = SIZE(X,DIM)

此种调用格式返回矩阵 X 的第 DIM 维大小信息。

只要熟练掌握了矩阵的索引技术，对矩阵的操作就很方便了。

例 2：左右颠倒一个矩阵。

```
>> A = [1 2 3; 4 5 6; 7 8 9];
B = A*0;
B （:, end:-1:1) = A （:,1:end）
B =
    3    2    1
    6    5    4
    9    8    7
```

使用这个功能方便地实现一个图像的镜像。

例 3：某战斗机的图像如图 3-2（a）所示，文件名为"warcraft.jpg"。用下面的代码可实现该图像的镜像，如图 3-2（b）所示。

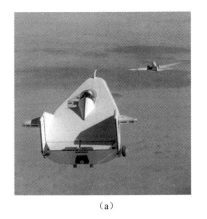 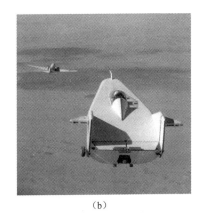

（a）　　　　　　　　　　　　　　　（b）

图 3-2　图像的镜像示意

（a）原图像；（b）镜像图像

```
>> A = imread('warcraft.jpg');
B = A*0;
B(:, end:-1:1) = A(:,1:end);
Imshow(B)
```

（2）矩阵生成

1）赋值

有了上面索引的知识，对矩阵赋值就是很容易的事情了。如

```
>> A(1,2) = 0;
A(7) = 1
A =
    1    0    1
    4    5    6
    7    8    9
```

也可以对一行或一列或一块赋值，如

```
>> A(1,:) = [1 2 3]
A =
    1    2    3
    4    5    6
    7    8    9
```

对整个矩阵的赋值，如

```
>> B = [1 1 1;1 1 1;1 1 1]
```

分号表示换行，因此

```
>> B =
    1    1    1
    1    1    1
    1    1    1
```

2）组合

除了赋值外，也可以将两个矩阵组合起来生成一个新的矩阵。

例4：用叠加的方法生成新矩阵。

```
>> B1 = [A B];
B2 = [A; B];
B1 =
    1    2    3    1    1    1
    4    5    6    1    1    1
    7    8    9    1    1    1
B2 =
    1    2    3
    4    5    6
```

```
7    8    9
1    1    1
1    1    1
1    1    1
```

还有一个关于矩阵生成的函数是 repmat。该函数可以将一个小矩阵重复后生成一个大矩阵①。

例 5：用 repmat 生成新矩阵。

```
>>%a program to create new matrix using repmat function
a = [1 2; 3 4];
b = repmat(a,2,3)
b =

   1    2    1    2    1    2
   3    4    3    4    3    4
   1    2    1    2    1    2
   3    4    3    4    3    4
```

3）函数生成

对于一些元素有规律的矩阵，如例 4 中的元素全为 1 的 **B** 矩阵，MATLAB 提供了专门的函数用来生成这些矩阵。

MATLAB 中有关矩阵生成的函数及其功能见表 3-1。

表 3-1　MATLAB 矩阵生成函数

名称	功能	备　注
Ones	生成元素全为 1 的矩阵	常用于建立一个新矩阵或模板操作
Zeros	生成元素全为 0 的矩阵	常用于建立一个新矩阵
Eye	生成主对角线为 1 的方阵	单位矩阵
Rand	生成随机数矩阵	矩阵元素是随机数
Magic	生成魔方矩阵	行、列、主副对角线元素之和全相等的矩阵
Meshgrid	生成三维绘图的 x, y 坐标矩阵	
Peaks	MATLAB 的一个三维数据举例	函数形式 $z = 3(1-x)\mathrm{e}^{-[x^2+(y-1)^2]} - 10\left(\dfrac{x}{5}-x^3-y^5\right)\mathrm{e}^{-(x^2+y^2)} - \dfrac{1}{3}\mathrm{e}^{-[(x+1)^2+y^2]}$

当使用者在生成一个矩阵后，还可以使用 reshape 命令重新调整矩阵的行数、列数、维

---

① 该函数的名字已展示了其功能：repmat = replicate matrix。

数。具体用法为 B = reshape(A,m,n)，其中 **A** 为原矩阵，*m*、*n* 为使用者希望重新调整的行数和列数，**B** 为调整后的新矩阵。但是一定要注意的是，重新调整的行数和列数的乘积必须等于原矩阵行数和列数的乘积，否则就会出错。

例 6：reshape 函数使用举例。

```
>> a = 1:12
b=reshape(a,3,4)
  a =
   1 2 3 4 5 6 7 8 9 10 11 12
  b =
   1    4    7    10
   2    5    8    11
   3    6    9    12
```

（3）强大的 cell

MATLAB 中还有一种重要的数据结构，即 cell。cell 应该称为一种广义的矩阵，它和 Matrix 的根本区别是：Matrix 中各个元素的数据类型必须一致，而 cell 中的数据元素的数据类型可以不一样。

例 7：cell 型数据结构举例。

```
>> a = magic(3);
b = 'abc';
c = nan;
d = {a;b;c};
whos
  Name      Size        Bytes  Class
  a         3x3            72  double array
  b         1x3             6  char array
  c         1x1             8  double array
  d         3x1           266  cell array
```

可见，d 是一个 cell 型结构，其中的 3 个元素分别为 1 个 3×3 的矩阵、1 个字符串和 1 个 nan。

区别于 Matrix 用中括号[]表示、用小括号 ( ) 引用，cell 结构的表示和引用全用大括号。

例 8：判断一个变量是否是 nan。

```
>> isnan(d{3})
ans =
    1
```

d{3}实际就是变量 c，isnan( ) 是判断一个变量是否是 nan 的函数，其输出结果为 1。

由于可以将不同类型的数据存储在一个 cell 变量中，因此，cell 成为 MATLAB 非常强大的数据打包工具。在某些场合，如函数间传递参数时，使用 cell 可以大大简化函数的形式。

3.2　基本程序结构语法

3.2.1　程序构成

MATLAB 程序类似于批处理语言，只是 MATLAB 命令的集合可以没有任何结构[①]，这一点可参见前面举的各个例子。

一般在 Editor 中输入 MATLAB 命令的集合，作为程序，保存成一个.m 文件，这种文件称为 script（脚本文件）。在 Editor 中执行或者在 Command Window 中以文件名的形式输入，均可执行此段程序，得到结果。在 MATLAB 的 Command Window 中，.m 文件就是"可执行文件"。

对于.m 文件名的取名，有两点要注意：第一，不能以数字开头；第二，文件名尽量不要与 MATLAB 已有的函数重名。否则，程序将"屏蔽"掉 MATLAB 已有的函数，这一点在前面已经述及。

MATLAB 程序也可以写成函数的形式[②]，这时程序称为函数文件。函数文件要有一定的格式，需以下面语句开头：

```
>> Function output = Fun_name(input)
```

Function 是 MATLAB 中定义函数的关键字，Fun_name 是自定的函数的名字，input 和 output 分别为函数的输入和输出参数。

例 9：Function 举例。

```
>> function a = swap_test1(b)
%swap a vector or matrix in x direction
a = zeros(size(b));
a(:,end:-1:1) = b(:,1:end);
```

这个函数要将一个矩阵在 x 方向颠倒。将此文件保存成 swap_t1.m 文件，然后进行如下试验。

在 Command Window 中执行

```
>> a = magic(3)
a =
    8    1    6
    3    5    7
    4    9    2
```

接着执行

```
>> swap_t1(a)
>> ans =
```

[①] 这与 C 程序有很大区别，C 程序必须以 main( )开始。

[②] 事实上，所有的 MATLAB 外部函数都是以这种形式存在的。

```
    6    1    8
    7    5    3
    2    9    4
```

可见，矩阵在 x 方向已经被颠倒。再输入

```
>> swap_test1(a)
>> ??? Undefined command/function 'swap_test1'.
```

这表明：定义一个函数，如果调用，函数名是文件名，而非定义的函数名，这一点要特别注意。一般情况下，为了避免混淆，应尽量将函数名和文件名保持一致。

函数定义中紧接着第一行的注释，可以用 help 命令显示出来。这部分一般写上函数的功能和用法，以及应用举例。以往在 help 显示的 MATLAB 函数的帮助信息，都是写在这个位置的注释。

如果输入

```
>> help swap_t1
```

则输出为

```
>> swap a vector or matrix in x direction
```

这正是写在函数定义例子中的注释。

上文已述及，函数调用名以文件名为准。可以在一个文件中定义多个函数，但只有第一个函数有效。那么，在一个文件中定义多个函数有用吗？答案是肯定的，后面的函数都可以在同一文件的第一个函数中以函数定义名调用，为第一个函数的编程服务。

例 10：swap_t2.m 文件举例。

```
>> function a = swap_t2(b);
%swap the matrix in x direction and again
c = swap_test1(b);
c = swap_test1(c);
a = c


function a = swap_test1(b)
%swap a vector or matrix in x direction
a = zeros(size(b));
a(:,end:-1:1) = b(:,1:end);
```

此例子中，swap_t2 函数的定义用到了 swap_test1 函数。

但要注意一个问题，即一段无函数结构的 MATLAB 代码之后不能跟着一个或若干个函数定义。

例 11：无函数结构的代码之后不能跟着一个或若干个函数定义。

若程序如下：

```
>> b = magic(3)
c = swap_test1(b);
c = swap_test1(c);
```

```
a = c


function a = swap_test1(b)
%swap a vector or matrix in x direction
a = zeros(size(b));
a(:,end:-1:1) = b(:,1:end);
```

则在执行时会输出错误：

```
>>??? Error: File: swap_t3.m Line: 7 Column: 1
Function definitions are not permitted at the prompt or in scripts.
```

错误信息显示，函数不能在两个地方定义：一个是在 Command Window 的即时执行条件下，另一个是在脚本文件中（即无结构的 MATLAB 程序中）。

在脚本文件中定义函数是初学者常犯的错误。但很多时候，在脚本文件中定义函数又是必要的。按照前面的说法，如果要定义 10 个函数，需保存 10 个文件，这确实有些太麻烦了。那么如何才能简便一些呢？可将脚本改为函数格式，但由于并不打算正式使用这个函数，所以名字可以随便写，只要在脚本文件前面加这样一句就可以了：

```
>> function aa
```

这是一个最简单的函数定义形式，用这句话可以方便地"蒙混过关"。

3.2.2　选择结构和循环结构的语法

选择结构和循环结构是编程语言中最重要的语法结构。MATLAB 中的语法与 C 语言中的语法很类似，下面用对照的方式将这两种结构的语法列举出来，见表 3-2。

表 3-2　MATLAB 选择、循环结构与 C 语言中同样结构的语法对比

结构名称	C 的语法	MATLAB 的语法
单支选择	if (ex) 　　statement	if ex 　　statement end

双支选择	if (ex)
	　　statement1
	else
	　　statement2
		if ex
		　　statement1
		else
		　　statement2
		end

三支选择	if (ex1)
	　　statement1
	elseif (ex2)
	　　statement2
	else
	　　statement3
		if (ex1)
		　　statement1
		elseif ex2
		　　statement2
		else
		　　statement3
		end

续表

结构名称	C 的语法	MATLAB 的语法
多支选择	switch ( ) 　case ex1 　　statement1 　case ex2 　　statement2 　… 　case exn 　　statementn 　default 　　statement_m	switch ( ) 　case ex1 　　statement1 　case ex2 　　statement2 　… 　case exn 　　statementn 　otherwise 　　statement_m end
For 循环	For(i=0;i<n;i++)	For i=0:n end
While 循环	While ()	While () end
Do While 循环	Do While ()	无

　　从表中可见，MATLAB 的语法与 C 语言的语法非常类似，但 MATLAB 的选择、循环程序块须用 if…end、For…end 或者 While…end 括起来。

　　选择和循环程序结构中常要用到 BOOL 运算，MATLAB 的 BOOL 运算符及其与 C 语言的对比见表 3-3。

表 3-3　MATLAB 的 BOOL 运算符及其与 C 语言的对比

结构名称	MATLAB 的语法	C 的语法
大于	>	>
小于	<	<
等于	==	==
大于等于	>=	>=
小于等于	<=	<=
不等于	~=	!=
与	&	&&
或	|	||
非	~	!

3.3　输入/输出（I/O）方法

I/O 是程序与外界的接口，如果没有 I/O，特别是没有输出，一个程序将毫无用处。

3.3.1　命令窗口区的输入和输出

（1）";" 的作用

一个完整的 MATLAB 的命令和语句一般以分号 ";" 结尾。如果在结尾不加分号，则在输出环境中输出此语句的执行结果。这一功能可以用来输出简单的变量。

但还有一点要注意，即程序中涉及较大规模矩阵运算的语句，尤其是当计算结果为大的矩阵时，一定要加上分号，否则，在运行时，程序会显示该矩阵的计算结果，影响显示和运行速度。

（2）input 和 disp 函数

input 用于在 Prompt 环境中用键盘输入，disp 用于向 Prompt 环境输出信息。

这两个函数的用法很简单，请自行学习。

3.3.2　MATLAB 变量的 I/O

可以将 MATLAB 的 workspace 中的变量保存成 .mat 文件，也可以从 .mat 文件中导入变量。这在前面已经叙述过，用到函数 save 和 load。

此外，save 和 load 也可用于写和读 ASCII（文本）文件。具体用法前面已述，详细说明请参照 "Help"。

3.3.3　文本文件的读写

文本文件几乎是数据处理中最常用的数据交换格式。MATLAB 提供了若干个针对文本文件的读写函数，这里重点介绍 textread 和 fprintf。具体用法读者可以自行学习，这里只用一个例子来说明这两个函数的用法。

例 12：读一个数据文件，处理后再写入。设有一个文本格式数据文件（test.txt）见表 3-4，欲将其第二列平方后写成第三列，可用下面的程序：

```
>> %a MATLAB program to show textread and fprintf
[a,b] = textread('test.txt', '%d %f');
c = b.*b;
d = [a b c];
d = d';

fid = fopen('test1.txt','w');
fprintf(fid,'%6d %6.2f %8.4f\n',d);
fclose(fid);
```

表 3-4　"test.txt" 文件内容

1	2.0
2	3.0
3	4.0
4	5.0
5	6.0
6	7.0
7	8.0
8	9.0
9	10.0
10	11.0

生成的新文本数据文件 test1.txt 见表 3-5。

表 3-5　"test1.txt" 文件内容

1	2.0	4.000 0
2	3.0	9.000 0
3	4.0	16.000 0
4	5.0	25.000 0
5	6.0	36.000 0
6	7.0	49.000 0
7	8.0	64.000 0
8	9.0	81.000 0
9	10.0	100.000 0
10	11.0	121.000 0

可以看出，MATLAB 读写函数中关于数据格式的描述方法与 C 语言的很类似。此外，要注意的是，fprintf 函数是一次将一个矩阵写入文件，此时要注意矩阵的排列方式，否则写出来的文件格式可能错误。从例中可以看出，最后写入文件的矩阵的第一行对应文件的第一列，依此类推。因此，在写之前要将矩阵的格式仔细考察和调整。掌握了矩阵的索引及操作后，此调整是很容易实现的。

此外，还有 dlmread/dlmwrite、textscan 等函数可以用来处理 ASCII 文件，只要熟练掌握其中一种，就可以处理所有数据了。

3.3.4　二进制文件的读写

MATLAB 也提供了二进制文件的读写函数，即 fread 和 fwrite。操作二进制文件时，涉及文件开关及文件指针等问题。MATLAB 也提供了这些函数，并且和 C 语言的函数名称及用法极为类似。现将这些函数列于表 3-6 中。具体用法读者可以自行学习。

表 3-6　MATLAB 二进制文件操作函数一览表

功能	C 函数	MATLAB 函数	备　　注
文件打开	fopen	fopen	打开文件并将文件位置指针置顶
文件关闭	fclose	fclose	关闭文件并释放文件位置指针
文件写	fwrite	fwrite	在文件位置指针处写数据
文件读	fread	fread	在文件位置指针处读数据
文件指针定位	fseek	fseek	将文件位置指针定位于某处
文件指针归零	frewind	frewind	将文件位置指针置顶
文件结尾	feof	feof	判断文件位置指针是否处于结尾
得到文件指针	ftell	ftell	得到文件位置指针

3.3.5　图像文件的读写

　　图像数据是很多领域中需要经常面对的数据，因此，图像的读写也经常被用到。在 C 语言中，如果没有现成的函数可以用，编写一段读取图像文件的程序需要深厚的功底。在 MATLAB 中，图像的读写非常简单，用两个函数就完全可以解决：imread 和 imwrite。这两个函数的用法也非常简单，读者可以通过"Help"自行学习。

　　图像读入后，在 MATLAB 中就是一个矩阵，黑白（灰度）图像是一个二维矩阵，彩色图像是三维矩阵，第三维为 3，分别代表 R、G、B 通道的数据。

第 **4** 章

MATLAB 计算

MATLAB 的计算功能几乎涵盖了现代数值分析的所有计算，主要包括以下几个方面。

4.1 线性代数

4.1.1 矩阵的基本运算

此处所说的基本操作包括矩阵的四则运算、乘方等。前面已多次提到，MATLAB 中矩阵是基本的数据结构，因此大部分（也可以是全部）运算都可直接针对矩阵进行，见表 4-1。

表 4-1   MATLAB 矩阵基本运算

功能	运算符	注意事项（计算时必须满足的条件）
矩阵转置	A'	这个符号（单引号）很小，写程序时要注意看清
矩阵加	A+B	size(A)=size(B)
矩阵减	A-B	size(A)=size(B)
矩阵乘	A*B	size(A,2) = size(B,1)
矩阵右除	A/B	相当于 A*inv(B)，函数 mrdivide(A,B)意义相同
矩阵左除	A\B	相当于 inv(A)*B，函数 mldivide(A,B)意义相同
矩阵乘方	A^2	相当于 A*A

由表 4-1 可见，可以直接用 MATLAB 的矩阵除法求解线性方程组。

一定要区别矩阵的运算和矩阵元素的运算。如 A*B 表示 *A* 矩阵与 *B* 矩阵相乘（按线性代数中矩阵乘法的算法），而 A.*B（*A* 与 *B* 必须同维）表示 *A* 矩阵与 *B* 矩阵的对应元素相乘。这种针对矩阵元素操作也是 MATLAB 中常见的，这种操作需要在运算符前加一个点"."，见表 4-2。

表 4-2　MATLAB 矩阵元素运算

功能	运算符	注　意　事　项
矩阵乘	A.*B	size(A) = size(B)
矩阵右除	A./B	相当于 A(i,j)/B(i,j)，函数 rdivide(A,B)意义相同
矩阵左除	A.\B	相当于 A(i,j)\B(i,j)，函数 ldivide(A,B)意义相同
矩阵乘方	A.^2	相当于 A(i,j)^2

4.1.2　矩阵的特征参数

包括矩阵的秩、不变量、特征值、特征向量等。用法都很简单，可参考"Help"→
"Contents"→"MATLAB"→"Mathematics"→"Matrices and linear algebra"→"Matrices
in MATLAB"和"Help"→"Contents"→"MATLAB"→"Mathematics"→"Matrices and
linear algebra"→"Inverses and Determinants"。

4.1.3　矩阵的分解及线性方程组求解

可参考"Help"→"Contents"→"MATLAB"→"Mathematics"→"Matrices and linear
algebra"→"Solving Linear Systems of Equations"和"Help"→"Contents"→"MATLAB"→
"Mathematics"→"Matrices and linear algebra"→"Cholesky, LU, and QR Factorizations"。

4.2　多项式及插值

4.2.1　多项式表示及运算

（1）MATLAB 中多项式的表示

MATLAB 中用一个行向量表示一个多项式，行向量中是多项式的系数，以降幂排列。
如

```
p = [5 -2 1 0 -2 -5];
```

表示多项式

$$p(x) = 5x^5 - 2x^4 + x^3 - 2x - 5$$

（2）多项式运算

MATLAB 的多项式运算包括多项式求根、微分、函数的多项式展开、多项式拟合
等。请参照"Help"→"Contents"→"MATLAB"→"Mathematics"→"Polynomials and
Interpolation"→"Polynomial Function Summary"。

4.2.2　插值

处理的数据包括一维数据插值、二维数据插值、三维数据及多维数据插值。插值方法不
仅包括多项式插值，还有其他方法，如样条插值等。另外，MATLAB 的 spline 工具箱还有

专门的关于样条函数的深入介绍，其中就有用 spline 进行插值的内容。

4.3　数据分析及统计

4.3.1　基本数据统计

基本函数及其功能见表 4-3。

表 4-3　MATLAB 基本统计函数

函　　数	功　　能	函　　数	功　　能
sum	矩阵元素加	max	最大值
prod	矩阵元素乘	mean	平均值
trapz	梯形数值积分	min	最小值
cumprod	矩阵元素累乘	sort	排序
cumsum	矩阵元素累加	sortrows	对行排序
cumtrapz	累积梯形积分	std	标准差
diff	差分与近似微分		

4.3.2　傅里叶分析

傅里叶分析是信号处理、图像处理中非常重要的方法，MATLAB 提供的傅里叶分析的基本函数见表 4-4。

表 4-4　MATLAB 中傅里叶分析的基本函数

函　　数	功　　能
fft	一维离散傅里叶变换
fft2	二维离散傅里叶变换
fftn	n 维离散傅里叶变换
ifft	反傅里叶变换
ifft2	反二维
iffn	反 n 维
abs	取模（也是绝对值函数）
angle	取相位角
umwrap	相位解包
fftshift	基频移中
nextpow2	取大于此数的 2 次幂

4.4　微积分

　　包括数值积分、简单的方程求根、简单的偏微分方程求解等。微积分方程求解可参考 "Help" → "Contents" → "MATLAB" → "Mathematics" → "Differential Equations"。偏微分方程求解有专门的 PDE（Partial Differential Equation）工具箱，具体使用方法将在下篇介绍。

第 **5** 章

MATLAB 绘图

前面已经多次提及，MATLAB 的数据可视化（绘图）功能非常强大，函数也非常多，并且 MATLAB 的图形表示有自己的体系。为了叙述的方便，将要绘图的数据按其维度，分为二维数据、三维数据和多维数据。其中前两者是最常见的数据，多维数据也越来越多见。

5.1 二维数据

二维数据是可以表示成 $y = f(x)$ 型的数据，一般情况下，用 plot 函数在二维坐标系下绘成曲线。

例 1：绘制一条正弦曲线。

```
>>x = 0:0.1*pi:4*pi;
y = sin(x);
plot(x,y)
```

生成如图 5-1 所示的图形。

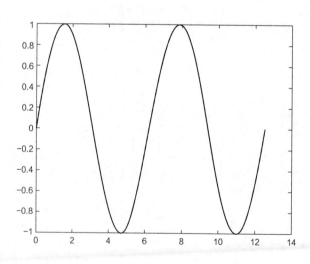

图 5-1 指定 x 坐标绘制的正弦函数曲线

5.1.1　plot 详解

plot 是二维图形绘制的最常用、最重要的函数。下面详细介绍此函数。同样，可以通过"Help"自行学习。

```
>>help plot
PLOT   Linear plot.
 PLOT(X,Y) plots vector Y versus vector X. If X or Y is a matrix, then the vector
is plotted versus the rows or columns of the matrix, whichever line up. If X is
a scalar and Y is a vector, length(Y) disconnected points are plotted.
 PLOT(Y) plots the columns of Y versus their index. If Y is complex, PLOT(Y) is
equivalent to PLOT(real(Y),imag(Y)).
In all other uses of PLOT, the imaginary part is ignored.
```

plot(x,y) 是 plot 函数最常用的形式，x 为横坐标，y 为纵坐标。x，y 一般为向量，也可以是矩阵，或者标量，请读者自己试一试。

也可以省略横坐标[①]，用 plot(y) 的形式。此时，横坐标默认为 y 的索引，如

```
>>x = 0:0.1*pi:4*pi;
y = sin(x);
plot(y)
```

对比图 5-1 和图 5-2 的横坐标，可以看出其区别来。图 5-1 的横坐标是 x，而图 5-2 的横坐标是数据点的序号。

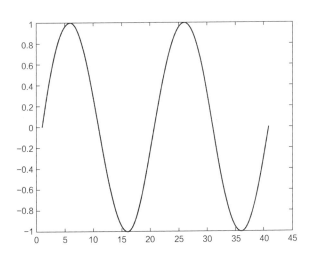

图 5-2　默认 x 坐标绘制的正弦曲线

可以改变曲线的颜色、线型，并将曲线表示成不同的符号，各种颜色、符号、线型的说明见表 5-1～表 5-3。

---

① 后面介绍的三维绘图函数也有类似的用法。

表 5-1　各种颜色的说明符列表

定义方法	r	g	b	c	m	y	k	w
颜色	红	绿	蓝	青	深红	黄	黑	白

表 5-2　各种符号的说明符列表

定义方法	符号类型	定义方法	符号类型
+	+	^	△
o	○	v	▽
*	*	>	▷
.	•	<	◁
x	×	'pentagram' or p	☆
'square' or s	□	'hexagram' or h	★
'diamond' or d	◇		

表 5-3　各种线型的说明符列表

定义方法	—	--	:	·—
线型	实线（默认）	短画线	虚线	点画线

例 2：绘制带标志的曲线。

```
>>x = 0:0.1*pi:4*pi;
y = sin(x);
plot(x,y,'r-.o')
```

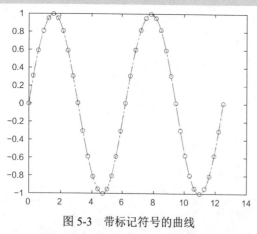

图 5-3　带标记符号的曲线

输出结果如图 5-3 所示。

这些操作通过设置 plot(x,y,s) 函数中的字符串 s 来完成。s 由 0~3 个符号组成，分别表示曲线的颜色、线型及曲线的符号。如果不指定，默认情况下，颜色为蓝，线型为实线，符号为无。

一般情况下，给曲线加上颜色、改变线型和符号不是为了使曲线更好看，而是为了区分同一张图中的不同曲线。

例 3：画两条曲线。

```
>>x = 0:0.1*pi:4*pi;
y1 = sin(x);
y2 = cos(x);
plot(x,y1,'k-o',x,y2,'r:v')
```

输出结果如图 5-4 所示。

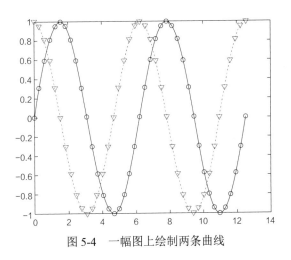

图 5-4　一幅图上绘制两条曲线

5.1.2　实际操作中的一些重要问题

例 4：画多条曲线在同一 figure 上。

例如，输入如下程序：

```
>>x = 0:0.1*pi:4*pi;
y1 = sin(x);
y2 = cos(x);
plot(x,y1,'k-o')
plot(x,y2,'r:v')
```

此时，只输出图 5-5 所示的曲线。

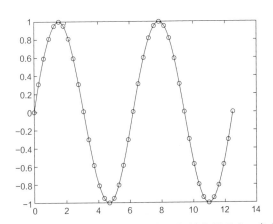

图 5-5　画多条曲线在同一 figure 上，但只能显示出一条曲线

为什么会这样呢？因为 plot(x,y1,'k-o') 的结果被覆盖了。究其原因，是因为 MATLAB 绘图时，是绘在当前的 figure 上的（至于 figure 的概念，将在后文详述）。如果当前没有 figure，

则新产生一个 figure。所以，当第一个 plot 运行时，新产生了一个 figure，并绘了曲线；而当第二个 plot 运行时，因为有一个 figure 存在，且为当前 figure，则直接绘在该 figure 上，将前面的曲线覆盖掉了。

那么，如何才能不被覆盖呢？可以在绘制第二个曲线前，新产生一个 figure。

例 5：在绘制曲线前产生一个新的 figure。

```
>>x = 0:0.1*pi:4*pi;
y1 = sin(x);
y2 = cos(x);
plot(x,y1,'k-o')
figure
plot(x,y2,'k:v')
```

在第二个曲线绘制前，用 figure 命令产生一个新的 figure，则第二条曲线绘制在新产生的 figure 上，如图 5-6 所示。在 MATLAB 的 figure 窗口上可以看到，两个 figure 分别标上了"figure 1"和"figure 2"。

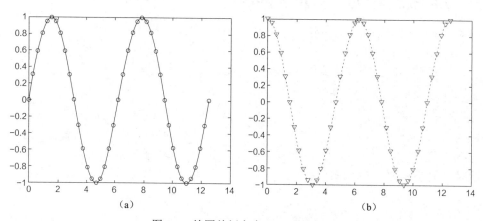

图 5-6　绘图前新产生 figure 的效果

（a）figure 1 上的曲线；（b）figure 2 上的曲线

也可以将曲线画在同一个 figure 的不同区域上，这就要用到 subplot 函数。

例 6：将曲线绘制在同一图形的不同区域上。

```
>>x = 0:0.1*pi:4*pi;
y1 = sin(x);
y2 = cos(x);
subplot(1,2,1)
plot(x,y1,'k-o')
subplot(1,2,2)
plot(x,y2,'k:v')
```

输出结果如图 5-7 所示。

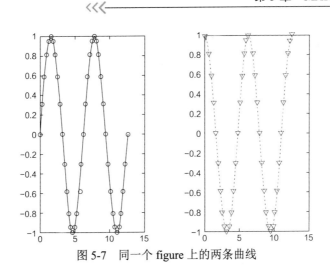

图 5-7　同一个 figure 上的两条曲线

　　subplot 是将一个 figure 切割成若干小绘图区域（实际上是 MATLAB 的 Axes 函数）。其具体用法读者可以自行学习。

　　如果想将不同曲线绘制在同一 figure 上，又不想将前面的曲线覆盖掉，可以用 hold 函数将 figure 锁住。

　　事实上，MATLAB 中的 figure 有一个属性：NextPlot，这个属性有两个值，分别为 add 和 replace。默认情况下，其值为 replace。

　　hold on 表示将 NextPlot 属性设置为 add，而 hold off 表示将 NextPlot 属性设置为 replace。

　　例 7：hold 的作用。

```
>>x = 0:0.1*pi:4*pi;
y1 = sin(x);
y2 = cos(x);
plot(x,y1,'k-o')
hold on
plot(x,y2,'k:v')
hold off
```

输出结果如图 5-8 所示。其效果与图 5-4 一样。

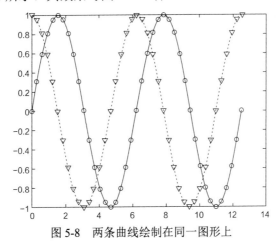

图 5-8　两条曲线绘制在同一图形上

对比图 5-4 与图 5-8，可以发现这两个图效果完全相同，也就是说，这两种方法都可以实现将不同曲线绘在同一图形上。但有些时候，曲线也需要一个一个绘制。例如，要绘制 20 条类似的曲线，如果按例 3 中的方法来绘制则太麻烦了，而用例 7 中的方法，则可以通过一个循环语句完成这个功能。有时候，不同的曲线绘在同一张图中是有问题的，如例 8 所示。

例 8：将值域相差很大的两条曲线绘制在同一图上。

```
>>x = 0:0.1*pi:4*pi;
y1 = sin(x);
y2 = 20*cos(x);
plot(x,y1,'k-o',x,y2,'k:v')
```

输出结果如图 5-9 所示。

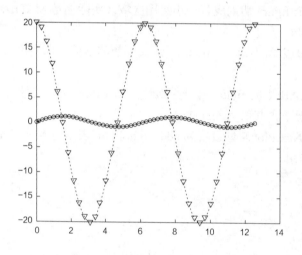

图 5-9　值域相差很大的两条曲线

可见，由于 y_2 的值域远大于 y_1 的值域，使得 y_1 在图中被压制，其变化非常不明显。此时，可用双 y 轴图改变这一困境，即让 y_1 和 y_2 使用不同的 y 轴。MATLAB 中的 plotyy 函数可以绘制双 y 轴图。

例 9：双 y 轴图形绘制。

```
>>x = 0:0.1*pi:4*pi;
y1 = sin(x);
y2 = 20*cos(x);
plotyy(x,y1,x,y2)
```

输出结果如图 5-10 所示。

可见，图 5-10 中有两个 y 轴，可以有效表示两个值域差别很大的函数的变化趋势。至于具体如何应用 plotyy，以及如何将图中的曲线设置成自己想要的颜色、线条及符号，请查阅 plotyy 的 "Help" 并参照本书后面的内容（句柄图形的部分）。

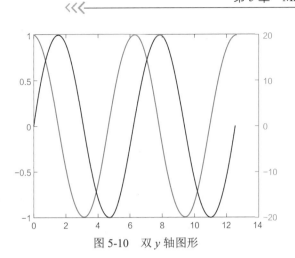

图 5-10　双 y 轴图形

网络上有网友还提供了 plotyyy 函数，可以绘制三 y 轴函数，如图 5-11 所示。

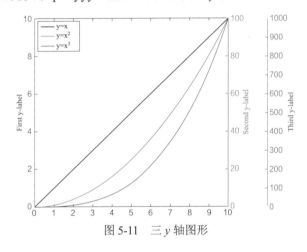

图 5-11　三 y 轴图形

5.1.3　二维数据的其他表示方式

事实上，二维数据除了用 plot 绘制成曲线外，还有许多其他表示方法，如图 5-12 所示的柱状图、图 5-13 所示的饼状图，以及图 5-14 所示的杆状图所示。对于科学数据处理来说，这些图并不常用，如果要用到，读者可以参考 MATLAB 的"Help"下的"Graphics"部分。

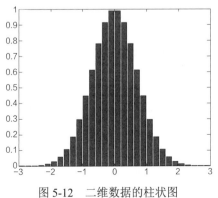

图 5-12　二维数据的柱状图

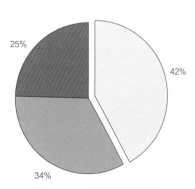

图 5-13　二维数据饼状图

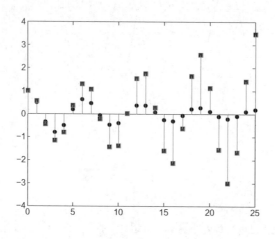

图 5-14　二维数据杆状图

5.2　三维数据

三维数据是可以表示成 $z = f(x, y)$ 型的数据，一般在三维坐标系下绘成曲面。如函数[①]

$$z = 3(1-x)^2 e^{-[x^2+(y-1)^2]} - 10\left(\frac{x}{5} - x^3 - y^5\right) e^{-(x^2+y^2)} - \frac{1}{3} e^{-[(x+1)^2+y^2]}$$

生成数据为

```
>>clear all
[x,y] = meshgrid(-3:0.125:3, -3:0.125:3);
z =  3*(1-x).^2.*exp(-(x.^2) - (y+1).^2) ...
   - 10*(x/5 - x.^3 - y.^5).*exp(-x.^2-y.^2) ...
   - 1/3*exp(-(x+1).^2 - y.^2);
```

5.2.1　三维曲面

用上面生成的数据绘图，可用如下命令：

```
>> mesh(x, y, z)
```

生成的图形如图 5-15 所示。

MATLAB 中的 mesh 函数生成三维网格。其中同时用线条颜色表示曲面的高度。用 colorbar 可以显示一个色标，如图 5-16 所示。

MATLAB 中的 surf 函数同样可表示三维曲面，如图 5-17 所示。对比图 5-16 和图 5-17 可发现，mesh 中用线条的颜色表示高度，而 surf 用面的颜色表示高度。事实上，surf 对应的是计算机图形学中的曲面绘制，其机理更为复杂。用 surf 还可以给曲面加光照效果，如图 5-18 所示。

---

① 这是 MATLAB 中的 peaks 函数。

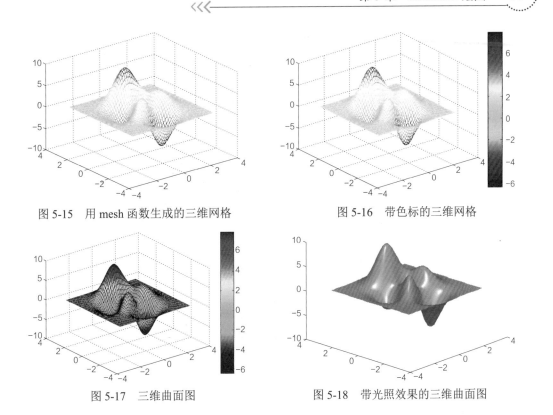

图 5-15　用 mesh 函数生成的三维网格　　　　图 5-16　带色标的三维网格

图 5-17　三维曲面图　　　　　　　图 5-18　带光照效果的三维曲面图

5.2.2　二维等值线

在上面的例子中，可以看出颜色信息和第三维（z）表示同一个信息，因此颜色是浪费的。如果仅用颜色表示第三维信息，可以在二维坐标系下用等值线或伪彩色图的方式表示三维数据，事实上，这也是最常用的三维数据表示方式，很多情况下，虽然这种方式表达的信息比上述的曲面绘制直观性稍差，但更为全面。

（1）伪彩色图

MATLAB 中用 pcolor 函数绘制伪彩色图，如

```
>> pcolor(x,y,z)
```

生成的图形如图 5-19 所示。

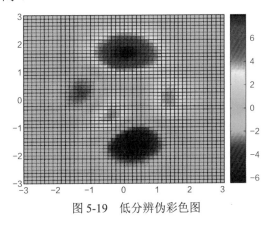

图 5-19　低分辨伪彩色图

图 5-19 中将每一个数据用一个颜色块来表示。一个颜色块相当于图像中的一个像素。但这个图看起来"分辨率太低"，可以用 shading 函数将颜色块进行插值，使之更细腻，如图 5-20 所示。

```
>> pcolor(x,y,z)
shading interp
```

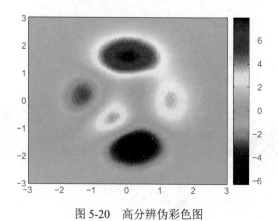

图 5-20　高分辨伪彩色图

（2）等值线

MATLAB 绘制等值线的函数是 contour。contour 的用法读者可参考"Help"。下面只介绍几种常见的用法。

```
>> contour(x,y,z)
```

生成结果如图 5-21 所示。

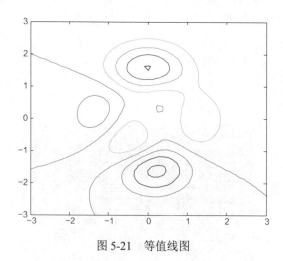

图 5-21　等值线图

默认情况下，contour 生成 5 级等值线。查看 contour 函数的定义，可以知道，contour 函数可以输出所有等值线的标度及句柄，基于此，可以用 clabel 函数给等值线加上标度，如

图 5-22 所示。

```
>> [c,h] = contour(x,y,z)
clabel(c,h)
```

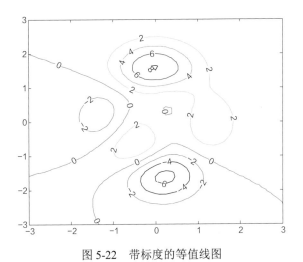

图 5-22　带标度的等值线图

可以画指定的等值线，如图 5-23 所示。

```
>>v = [-2.5:1:2.5] ;
[c,h] = contour(x, y, z, v);
clabel(c, h)
```

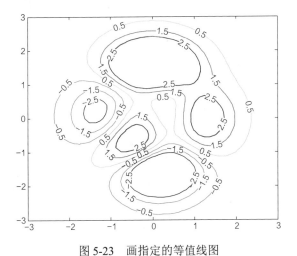

图 5-23　画指定的等值线图

还可以画指定的一条等值线，如图 5-24 所示。

```
>>[c,h] = contour(x, y, z, [2.5]);
clabel(c, h)
```

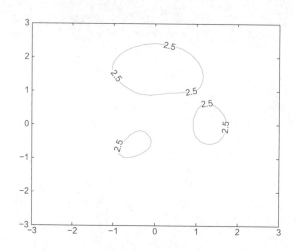

图 5-24   画指定的一条等值线图

如果不想用标度表示高度信息，可以用颜色或颜色填充来表示。MATLAB 中的 contourf 函数可以完成此任务，如图 5-25 所示。

```
>>contourf(x,y,z,8)
colorbar
```

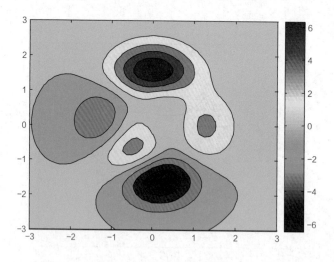

图 5-25   颜色填充的等值线图

meshc 和 surfc 可以在输出三维曲面图的同时输出等值线，如图 5-26 所示。

```
>> surfc(x,y,z)
```

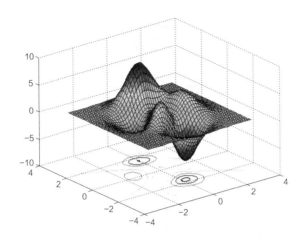

图 5-26　曲面与等值线图

5.3　四维数据

四维数据表示为

$$z = f(x_1, x_2, x_3, x_4)$$

这类数据在研究和工程中也是很常见的，如一栋大楼中空间各点的温度场就是四维数据。由于静止的纸面图形仅能表示三维信息，四维信息一般需采用剖面的形式表示。

四维数据可以分为简单四维数据和复杂四维数据。简单的四维数据，如定义在三维曲面上的一个标量函数，这种表面数据可用三维图形（表示曲面）加上颜色（表示标量函数）来显示；复杂的四维数据，是定义在三维体中各点的函数，这种体数据就只能用切片或动画的形式显示了。

5.3.1　简单四维数据

前面介绍的用 MATLAB 画三维曲面的函数，如 surf，在未指定曲面颜色时，默认情况下均以 z 值为颜色值。事实上，颜色值是可以指定的。通过指定颜色，此图形可以表示四维信息。

例 10：画一个四维曲面。

```
>>[x,y,z] = peaks(50);
w = -z;
surf(x,y,z,w)
```

输出图形如图 5-27 所示。与图 5-17 相比，可以看出其中的区别。在图 5-27 中，曲面的颜色被赋为 z 的负值，当然，也可以赋为其他任何数据。

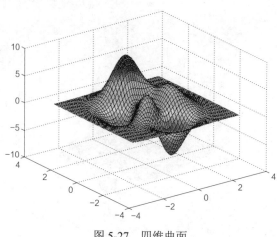

图 5-27　四维曲面

5.3.2　切片

用 slice 函数可以绘制指定的切片的数据。

例 11：画一个四维数据的切片图。

```
>>[x,y,z] = meshgrid(-2:.2:2,-2:.25:2,-2:.16:2);
v = x.*exp(-x.^2-y.^2-z.^2);
xslice = [-1.2,.8,2]; yslice = 2; zslice = [-2,0];
slice(x,y,z,v,xslice,yslice,zslice)
```

输出结果如图 5-28 所示。

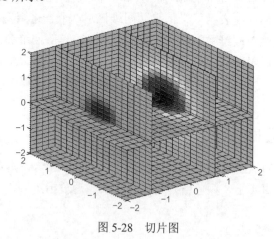

图 5-28　切片图

5.3.3　等势线与等势面

关于这部分的功能，读者可参考"Help"→"3D Visualization"→"Volumn Visulization Techniques"→"Volumn Visulization Functions"→"Functions for Scalar Data"。这里仅举两个例子说明。

例 12：绘制流场的等势线。

```
>>[x y z v] = flow;
h = contourslice(x,y,z,v,[1:9],[],[0],linspace(-8,2,10));
axis([0,10,-3,3,-3,3]); daspect([1,1,1])
camva(24); camproj perspective;
campos([-3,-15,5])
set(gcf,'Color',[.5,.5,.5],'Renderer','zbuffer')
box on
```

输出结果如图 5-29 所示。

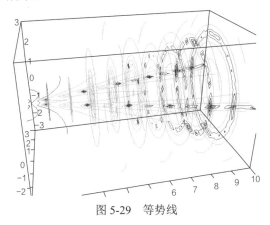

图 5-29　等势线

例 13：绘制流场在 −3 处的等势面。

```
>>[x,y,z,v] = flow;
p = patch(isosurface(x,y,z,v,-3));
isonormals(x,y,z,v,p)
set(p,'FaceColor','red','EdgeColor','none');
daspect([1 1 1])
view(3); axis tight
camlight
lighting gouraud
```

输出结果如图 5-30 所示。

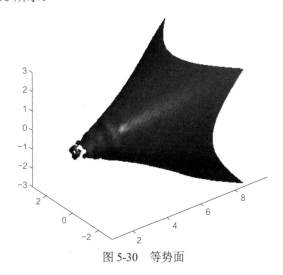

图 5-30　等势面

5.4　多维数据

多维数据在这里指定义在空间三维坐标上的一个矢量，如三维的流场。MATLAB 中多维数据的画法也有很多种，这里仅举一个简单例子。其他画法可参考"Help"→"3D Visualization"→"Volumn Visulization Techniques"→"Volumn Visulization Functions"→"Functions for Vector Data"。

例 14：多维数据绘图。

```
>> load wind
daspect([1 1 1])
[verts averts] = streamslice(u,v,w,10,10,10);
streamline([verts averts])
spd = sqrt(u.^2 + v.^2 + w.^2);
hold on;
slice(spd,10,10,10);
colormap(hot)
shading interp
view(30,50); axis(volumebounds(spd));
camlight; material([.5 1 0])
```

输出结果如图 5-31 所示。

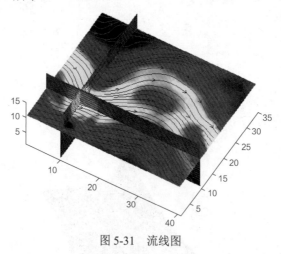

图 5-31　流线图

5.5　MATLAB 绘图细节

5.5.1　图形说明

科技图形要求图形简洁，但要将意思表达清楚。因此，除了前面已述的绘制出曲线、曲面外，还要附加必要的说明、注释等，这样才能表达更完整的意思。

例 15：图形的注释。

```
>> x = 0:0.05:2;
x = 2*pi*x;
y1 = sin(x);
y2 = cos(x);
plot(x,y1,'k-o',x,y2,'r:v')
title('Relationship between y and x')
xlabel('Time / s')
ylabel('Temperature / \circC')
legend('sin(2\pix)','cos(2\pix)')
```

输出结果如图 5-32 所示。

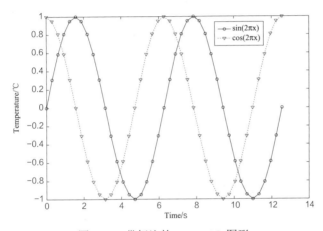

图 5-32　带标注的 MATLAB 图形

相对于前面例子中的图形，此图形加了说明，包括图题、坐标轴注释、图例。这三者是图形说明中最常见的。

➤ 图题：用于说明图形的意义。用 title 函数完成。

➤ 坐标轴注释：用于说明坐标轴的意义及单位。用 xlabel、ylabel、zlabel 函数完成。

➤ 图例：当图中曲线多于一个时，用于区别。用 legend 函数完成。

图形说明一般均为字符串。需说明的是，有些符号是不能用键盘直接输入的，如例 15 中的 π、°C 等，这时就要用 TeX①格式了。事实上，图形的标注项最终都生成 MATLAB 的 Text 对象（绘图元素）。Text 对象有一个属性为"interpreter"，该属性可用于设置 Text 的解释系统（即翻译系统），默认情况下，此属性设置为"tex"，也可将其设置为"latex"②。这样，就可以在文本中使用 TeX 或 LaTeX 的命令了。TeX 是一个高级的排版系统③，因此读者完全不用担心有符号或公式打不出来。

但对于普通应用者来说，可能用到的就是写一两个希腊字母这点功能。在 TeX 中，希腊

---

① 可以将 TeX 理解为一种排版语言。TeX 中对于文字的格式及一些特殊符号，都是用命令的方式表达的。

② 关于 TeX 与 LaTeX 的具体知识，读者可自行查阅相关资料。

③ 用 TeX 的人一般比较不屑于用 Word，可见其功能之强大。

字母及各种符号均对应一个 TeX 命令。常用命令可在"Help"→"MATLAB"→"Functions (alphabetical list)"→"text"→"property list"→"string"中查询。

例 16：一个 TeX 格式文本举例。

```
>> text('Interpreter','latex',...
    'String','$$\int_0^x\!\int_y dF(\alpha,\sigma)$$',...
    'Position',[.5 .5],...
    'FontSize',16)
```

其结果输出一个积分公式，如图 5-33 所示。

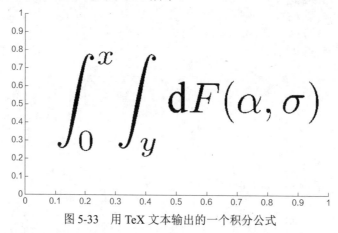

图 5-33　用 TeX 文本输出的一个积分公式

此外，图形说明还包括图中必要的文字、箭头等。这些（包括上述三项）均可用 TeX 形式输出，也可用 figure 菜单和工具条中的操作，用鼠标互动来完成。

5.5.2　颜色问题

可不可以控制 MATLAB 的绘图颜色呢？当然可以。但在此之前，需先了解有关 MATLAB 图形颜色的一些深层次的知识。

（1）颜色的表示

MATLAB 中的颜色用 R、G、B 三个分量表示。图 5-34 是以 R、G、B 为 3 个坐标轴的颜色立方，一般彩色数字图像中用此方法表示颜色。

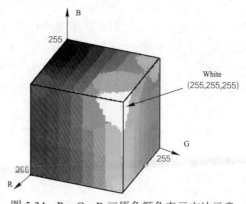

图 5-34　R、G、B 三原色颜色表示方法示意

MATLAB 中的颜色表示方法与此相同，区别之处是，在表示颜色时，将 R、G、B 这 3 个坐标上的数值正规化到[0,1]之间，即[1,1,1]表示白色，[0,0,1]表示蓝色。

（2）绘图元素颜色的设置

在绘图时，可以用上面的颜色矢量给图形元素指定颜色。例如，用 plot 函数绘制向量 x、y 曲线时，

```
>> plot(x,y,'color','r');
```

和

```
>> plot(x,y,'color',[1 0 0]);
```

有同样的效果。用字母指定颜色的方法较简单，但可用的颜色有限，而如果用颜色矢量指定颜色，就有太多的组合了。

（3）调色板 colormap

在前面的绘图函数中，很多函数都要给图形填充上颜色，如 surf、contourf 等。那么应该填充什么颜色呢？在 MATLAB 中有一个调色板，指定了一组颜色，构成一个查找表。绘图时将最小值对应查找表的最底端颜色，而将最大值对应查找表的最顶端颜色，依此类推。

在 Command Window 中执行 colormap 命令，会输出一个 64 行 3 列的矩阵，此矩阵即为 MATLAB 当前使用的调色板。每一行对应一个颜色。

用户也可以自己生成一个 $n \times 3$ 的矩阵（n 可以不等于 64），并用 colormap 函数将其指定为 MATLAB 当前的调色板。为了方便不同的应用，MATLAB 中已经内置了一些调色板，如图 5-35 所示。这些调色板都取了形象的名字，使用时可用 colormap 函数方便地将 MATLAB 调色板指定为相应的类型。MATLAB 默认的调色板为 "Jet"。

值得一提的是 "Gray"，这一点在后文还要进一步说明。当图形用于黑白印刷（目前大多数情况如此）时，将图形填充成彩色印刷出来的效果会比较差。如红色和蓝色在黑白印刷时根本分不清。

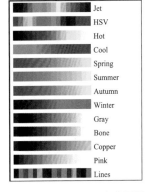

图 5-35　MATLAB 中内置的调色板类型

前文已提及，设置调色板颜色矩阵时，并不一定要设置成 64 行。如用

```
>> colormap(gray(16))
```

可以将调色板设置成 16 阶的灰度。

关于 colormap 的详细情况可查阅 "Help" → "MATLAB" → "Graphics" → "Functions（Categorical list）" → "3D Visualization" → "surface and mesh tool" → "colormaps"。

（4）一些相关的函数

还有一些 MATLAB 颜色相关的函数，读者可查阅 "Help" → "MATLAB" → "Graphics" → "Functions(Categorical list)" → "3D Visualization" → "surface and mesh tool" → "color operations"。

5.5.3 句柄图形——控制绘图的每一个细节

MATLAB 绘图功能的强大，不仅是因为能绘制上述那么多种图形，更因为其可以用程序精细地控制绘图的各个细节。在一些情况下，对一些人来说，这样的控制是非常舒服的。因此，MATLAB 与那些只靠鼠标单击按钮绘图的工具，如 Tecplot、Surfer、Origin 等，在绘图方面还是有区别的。

MATLAB 在绘图细节上的控制，依靠的就是句柄。

（1）什么是句柄？

句柄的英文名是 Handle[1]，通俗地讲，就是把手的意思。上文说过，MATLAB 可以用程序控制[2]绘图的各个细节，如改变一条曲线的线型、颜色、标记、粗细等，改变坐标轴标注文字的大小、颜色、字体等。线条、字体等在 MATLAB 绘图中都是对象（Object），编程的人都知道，要控制和操作对象，就需要有一个变量代表这个对象。这个变量在编程中就叫 Handle。用 Handle 可以对该 Handle 代表的绘图元素（图 5-36）[3]进行各种操作。

图 5-36 是 MATLAB 的绘图元素结构图。

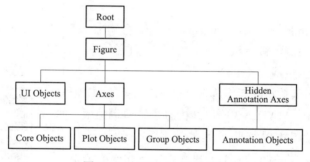

图 5-36 MATLAB 绘图元素

1）Figure

前文说过，MATLAB 所有图形都是绘制在 Figure 上的。Figure 是最基本的绘图元素，可以将其想象为要在上面画图的"白纸"。从图 5-36 中看出，在 Figure 之上还有一个 Root 层。Root 层是虚的，只是用来保存一些基本的绘图设置，是给 MATLAB 绘图系统服务的，用户并不能在其上绘图，也不能更改 Root 层的参数。

2）坐标系 Axes

Figure 的下一层是"UI Objects"和"Axes"。"UI Objects"是用户界面对象（UI Objects）。在每一个绘图的 Figure 上，都有一个菜单和工具条，菜单、工具条及其上所有细节都隶属于"UI Objects"。菜单项和工具条上的按钮是可以添加和改动的（不是所有的都可以改动），要改动就要用到"UI Objects"。在用 MATLAB 做 GUI（图形用户界面）[4]时，肯定要用到"UI

---

① 在我国台湾的大多数教科书中，这个词翻译为"把柄"，这好像更容易理解。

② MATLAB 绘图是用程序控制的（当然也可以用鼠标控制），在绘图方面，这是区别于普通绘图软件最大的地方。

③ 绘图元素是指所有在 MATLAB 图形上出现的事物。按照"面向对象"的编程思想来讲，所说的元素就是类（Class）。为了照顾到未接触过 OOP 的读者，这里以元素一词代替。

④ 参照 GUI 设计的相关知识：GUIDE 的使用。

Objects"。如果暂时不做 GUI，可以暂停使用"UI Objects"。

"Axes"是 MATLAB 绘图的坐标系，MATLAB 的所有图形都是绘在坐标系上的。一个 Figure 上可以放置多个 Axes。图 5-7 中的 subplot 就是在一个 Figure 上放置了两个 Axes。

一个"Axes"有三个"axis"（坐标轴）。二维图形也有三个坐标轴，但 MATLAB 在绘制二维图形时，将坐标系的视角放置在垂直于 xOy 面的方向上，相当于从 xOy 面正上方往下看，就看不到 z 轴了。读者可以做这样一个试验：单击一个二维图形（最简单的如用 plot(1:10) 画一条直线）；单击 Figure 工具条上的旋转按钮，用鼠标旋转曲线，可以发现 z 轴出现了。

画图时常需要对坐标轴进行设置，MATLAB 专门设置了一些简单的函数调用形式来完成这些功能。查阅 axis 的"Help"可以发现 axis 命令的许多简单调用形式。下面介绍几种常用的调用形式。

➢ axis ij 与 axis xy

MATLAB 默认坐标系的原点在左下角。但一般数字图像处理领域中图像坐标系的原点在左上角，即 y 轴向下。axis ij 用于将从标系设置成图像坐标系，而 axis xy 用于将坐标系设置成默认坐标系。

➢ axis equal

MATLAB 的坐标系在默认情况下所占区域为正方形（对于二维来说），因此，当 x 数据和 y 数据的值域不同时，x 轴和 y 轴的比例是不同的。

在绘制三维数据时，经常会遇到一些问题。例如，原来长方形的区域也画成了方形，使区域失真。此时可用 axis equal 命令设置各坐标轴的比例，使之保持同样的比例，就解决这个问题了。

➢ axis tight

将坐标轴的范围设置为与数据范围一致，这样，在矩形区域，即使用 axis equal 将坐标轴比例设成一样，也不会在图形边界出现空白区。

3）MATLAB 的主要绘图元素

在坐标系下面，就是 MATLAB 所有重要的绘图元素了。其中"Annotation Objects"是标注用绘图元素（如文字、箭头等）。"Group Objects"用于将一些绘图元素成组，如将若干条线成组，然后统一设置属性。"Plot Objects"是由若干特定的绘图函数生成的绘图元素，如等值线函数生成的若干条等值线就是一个"Plot Objects"。从这个意义上讲，"Plot Objects"与"Group Objects"有些类似。

Axes 下面最核心的是"Core Objects"，其下包括了 7 种 MATLAB 的基本绘图元素（图 5-37），MATLAB 所有的图形都是由这 7 种绘图元素构成的。如例 3 中绘制的曲线属于"Line"；图 5-26 中的填充等值线属于"Patch"等。具体的细节请读者通过"Help"自行学习。

图 5-37　MATLAB 的核心绘图元素

（2）句柄有什么用？

有了句柄就可以查看，最主要的是可以修改绘图对象的属性，也就完成了对绘图对象的控制和操作。

每个对象都有若干个属性（property），属性的取值决定了图形中各对象的表现。用 get 函数可以查看对象的属性值。

例 17：绘制曲线并查看其属性。

```
>>x = 0:0.1*pi:4*pi;
y1 = sin(x);
y2 = cos(x);
h = plot(x,y1,'r-o',x,y2,'k--^');
```

有了前面的知识，读者可以明白上面的程序是用红色的细实线（数据点用圆圈表示）画了一条正弦曲线和一条余弦曲线，如图 5-4 所示。与前面例子不同的是，plot 函数返回了一个参数 h。

h 是一个 lineseries 对象，是一个 2×1 的向量，h(1)代表 y_1 曲线，h(2)代表 y_2 曲线。

用 get 函数可以查看两个 Handle 的属性。get(h(1)) 和 get(h(2)) 可以列出两个曲线的所有属性，两者的对比见表 5-4。从表中属性可以看出两条曲线的相同和不同之处。

表 5-4   两条曲线属性的对比

属性	y_1 值	y_2 值	备注
Color	[1 0 0]	[0 0 0]	颜色不同
EraseMode	'normal'	'normal'	
LineStyle	'-'	'--'	线型不同
LineWidth	0.500 0	0.500 0	
Marker	'o'	'^'	标志符不同
MarkerSize	6	6	
MarkerEdgeColor	'auto'	'auto'	
MarkerFaceColor	'none'	'none'	
XData	[1x41 double]	[1x41 double]	
YData	[1x41 double]	[1x41 double]	
ZData	[1x0 double]	[1x0 double]	
BeingDeleted	'off'	'off'	
ButtonDownFcn	[]	[]	
Children	[0x1 double]	[0x1 double]	
Clipping	'on'	'on'	
CreateFcn	[]	[]	
DeleteFcn	[]	[]	

属性	y_1 值	y_2 值	备注
BusyAction	'queue'	'queue'	
HandleVisibility	'on'	'on'	
HitTest	'on'	'on'	
Interruptible	'on'	'on'	
Selected	'off'	'off'	
SelectionHighlight	'on'	'on'	
Tag	''	''	
Type	'line'	'line'	
UIContextMenu	[]	[]	
UserData	[]	[]	
Visible	'on'	'on'	
Parent	150.001 2	150.001 2	
DisplayName	''	''	
XDataMode	'manual'	'manual'	
XDataSource	''	''	
YDataSource	''	''	
ZDataSource	''	''	

如果只想查看或者获得某一个属性，可以用 get 函数的另一种形式，即

```
>> get(handle, 'property_name')
```

例 18：查看曲线属性。

```
>>x = 0:0.1*pi:4*pi;
y1 = sin(x);
y2 = cos(x);
h = plot(x,y1,'r-o',x,y2,'k--^');
get(h(1),'marker')
ans =
o
>>x = 0:0.1*pi:4*pi;
y1 = sin(x);
y2 = cos(x);
h = plot(x,y1,'r-o',x,y2,'k--^');
get(h(2),'marker')
ans =
^
```

而
```
>>x = 0:0.1*pi:4*pi;
y1 = sin(x);
y2 = cos(x);
H = plot(x,y1,'r-o',x,y2,'k--^');
xx = get(h(1), 'xdata');
yy1 = get(h(1), 'ydata');
yy2 = get(h(2), 'ydata');
```
则从曲线中重新获得数据点。可以用此数据重新绘制曲线，以测试上面得到的数据的正确性：
```
>>plot(xx,yy1,'r-o',xx,yy2,'k--^');
```
结果会生成和图 5-4 完全相同的两条曲线。

　　用 set 函数可以设置对象的属性值，其格式为
```
>> set(handle, 'property_name', property_value)
```
　　需要注意的是，在设置时一定要注意该属性的数据类型。有些是字符串（如线型、符号等），要包括在引号中；有些是数据（如线宽等），要写成数或变量，不能括在引号中；有些是向量（如颜色）或矩阵（如绘图数据等），也要按照规定的写法书写。

　　下面用例子来说明如何设置图形的细节。接着例 18 的程序：
```
>>x = 0:0.1*pi:4*pi;
y1 = sin(x);
y2 = cos(x);
h = plot(x,y1,'r-o',x,y2,'k--^');
set(h(1),'linewidth', 4);%将 y1 曲线线宽变为 4
set(h(1),'markersize', 10);%将 y1 曲线标记尺寸变为 10
set(h(2),'marker', 'p');%将 y2 曲线标记改为五角星
```
其结果如图 5-38 所示。

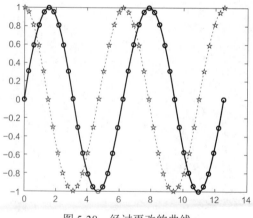

图 5-38　经过更改的曲线

可见，如果有绘图元素的句柄，又掌握了 get 和 set 函数的应用，控制绘图细节是很容易的。

（3）如何获得句柄？

获得一个绘图对象的句柄是控制和操作这个对象的第一步，也是最重要的一步。有两种方法可以获得句柄：

1）返回法

如果仔细查看 MATLAB 的 "Help"，会发现几乎所有的绘图函数都提供了返回所绘对象句柄的调用形式，如果想获得句柄，在绘图时采用这些调用形式就可以了。上面的例子就是这样做的。

2）追踪法

用户有时可能事先不能确定要对哪个对象进行操作，而要在运行过程中才确定要操作的对象（如交互操作中，用鼠标单击选择要操作的对象，或者前面忘了在程序中返回句柄了），那么就要用追踪的方法寻找该对象的句柄。

例 19：查找绘图元素的句柄。

```
>>x = 0:0.1*pi:4*pi;
y1 = sin(x);
y2 = cos(x);
plot(x,y1,'r-o',x,y2,'k--^');
h1 = findobj('marker','o');
h2 = findobj('marker','p');
```

其输出也会得到两条曲线的句柄。

有两个函数在获取句柄时非常有帮助，分别为 gcf 与 gca。gcf 获得当前图形的句柄，gca 获得当前坐标系的句柄。事实上，这两个函数也很好记：gcf=get current figure，而 gca=get current axes。

（4）不用句柄行吗？

大部分情况下不用句柄是可以的。

MATLAB 的 Figure 上提供了菜单和工具条，用其中的命令及相应的对话框可以完成绝大部分图形的控制。这一点完全类似于其他绘图软件。如果不习惯用编程的方式画图，可以用这种方法。但作者还是坚持建议读者用编程调用句柄的方法画图。

5.6　MATLAB 图形的输出

绘图的最终目的是使用，因此，图形必须输出到 MATLAB 以外，如到文档中、到幻灯片中，或到其他地方使用，这样才有真正的意义。

MATLAB 图形的输出比较简单，在 "Figure" 菜单的 "File" 项目下有 "Save as" 项，其中有几乎所有的通用图形格式选项，可以将所绘图形另存为想要的格式。但有如下几个问题必须要注意。

5.6.1　输出方式

（1）矢量图与位图

关于矢量图和位图的区别，读者可以参考相关书箱。简单地说，矢量图就是用数学描述来表示图形，如图形中有一个圆，可以用圆心、半径、线型、线宽等参数描述这个圆，显示矢量图的系统识别出这些命令后，根据命令绘制出相应的图形。位图是用点阵的颜色来表示图形，将图形划分成若干个像素，存储每个像素的颜色值。矢量图适于表示曲线、曲面等可以或方便用数学方法描述的图形，而位图适于表示复杂图像。常用的矢量图格式有 emf、eps、wmf 等，常用的位图格式有 bmp、jpg、png、tiff 等。

矢量图形占用空间小，但显示速度慢（因为要根据命令重绘）；位图占用空间大，但显示速度快[①]。此外，矢量图在缩放时不失真，位图在缩放时会失真[②]。

"Edit"菜单中有一个"Copy figure"选项，可以将图形复制到剪贴板中，然后将剪贴板中的图形粘贴到其他文档（如 Word 文档）中。可以在"Copy options"中设置该命令是复制位图还是复制矢量图。

（2）可持续性发展

很多时候，可能需要修改已经绘好的图形。例如，投稿后编辑说你的图形不符合期刊要求。如果将图形保存成位图格式，修改将是不可能的，或者是非常困难的（除非你是 PS 高手）。因此建议将图形保存成矢量图格式，这样可以用一些软件如 CoreDraw 等修改。但最方便的还是用 MATLAB 修改。如下 3 种方法可以使修改变得容易。

1）保留原来绘图的程序

尽量用程序画图，不要用菜单上的按钮。这样只需保存数据处理和画图程序，对程序稍做修改，即可重新生成符合要求的图形。

2）将图形输出成 .m 文件

用"File"下的"Generate M-File"将绘制好的图形导出成 .m 文件。此文件描述了图形的所有特征。如果有句柄图形的相关知识，使用这个文件是很简单的。要修改图时，只要修改此文件即可。

3）将图形保存成 MATLAB 的.fig 格式

如果习惯用菜单命令和鼠标及按钮进行绘图，那么就将图形保存成.fig 的格式。要修改时，继续用菜单命令、鼠标及按钮就可以了。

5.6.2　要注意的几个问题

图形输出中还有几个很容易疏忽的问题需要提醒一下。

（1）图形有边界

图 5-39 是 MATLAB 的标准图形。可以看出，坐标系（Axes）的底色是白的，图形的底

---

① 有时也不尽然。首先，在目前的机器运算速度下，矢量图显示基本上感觉不出来慢。而位图，如果太大，调入内存时需要一定的时间。

② 有些好的期刊上要求提供所有数据图形的矢量图格式。而位图，也需要很大分辨率的版本，就是担心一旦位图在缩小后失真，会使印刷质量下降。

色是灰色的（这是为了区别绘图区与非绘图区）。但 MATLAB 输出的图形包括绘图区和非绘图区，即整个图形（除菜单和工具条外）。因此，一般情况下输出的图形如图 5-40 所示。

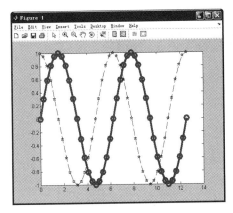

图 5-39　MATLAB 的标准图形

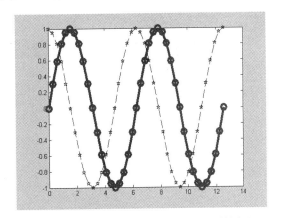

图 5-40　默认设置下 MATLAB 输出的图形

这样的输出效果不够美观，可以做简单的修改将灰边去掉：在"Figure"菜单的"Edit"下，有一个"Copy Options"选项，单击该选项，则出现图 5-41 所示的对话框，将"Figure background color"中的"Force white background"选中即可。

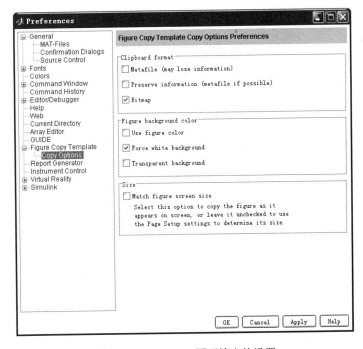

图 5-41　MATLAB 图形输出的设置

去掉了灰边的图形美观了很多。但还有一个问题，即输出或粘贴的图形包含了图 5-40 中灰边所占的区域，虽然可以将灰边改为白边，但这部分区域包含在图形区域中。一般来说，图形边界应该是有一些空白的，但有时由于版面的原因，这些空白可能是多余的。MATLAB

的图形输出设置中也有去除这个边界空白的选项。在"File"菜单下单击"Export Setup"选项，可显示如图 5-42 所示界面。将"Expand axes to fill figure"项选中，则输出的图形会将边界去掉，如图 5-43 所示①。

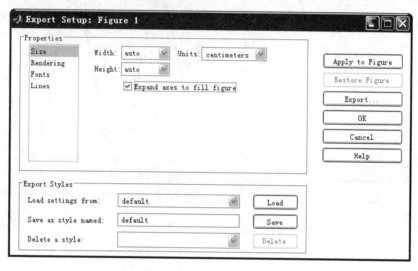

图 5-42   MATLAB 图形输出设置

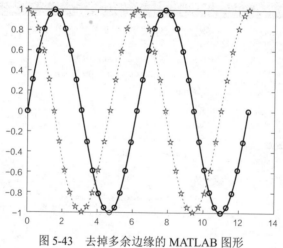

图 5-43   去掉多余边缘的 MATLAB 图形

（2）印刷用图形要注意的问题

有时会发现这样一种情况：绘制好图形后，将其贴在文章中交给期刊社或出版社发表印刷，等收到期刊或书籍后，一般情况下会发现出版物上的图形质量大大降低了，原来在显示器上能看清楚的内容现在看不清了。这就是说，显示与印刷是不同的。这种质量降低程度也是因期刊社或出版社而异。有的期刊社或出版社很注意图的质量，经常需要作者单独提供高分辨率图形，这样图形的印刷效果会好一些。但即使这样，印刷质量依然不及显示质量。大多数科研人员的图是要用来印刷的，因此要有一个认识：要使图能够印刷得清楚，而不只是

① 当然，这一步操作完全可以用图像处理软件甚至 Word 中的图像编辑功能代替。

在电脑显示器上能看得清楚。

这里要注意两个问题：

一是字体要足够大，否则看不清楚。MATLAB 默认绘图字号是 8，如果在文中将图缩小，印刷出来的字体可能就看不清楚了。因此，要将字体改大一些。

二是颜色问题。期刊、论文、书籍一般都是单色印刷的，即黑白版，所以，在绘制印刷品中的图形时，可按 5.5.2 节中介绍的方法将 colormap 改为灰度系列。否则，绘制了一个彩色图，但印刷出来后，往往还不如灰度图好看。例如，一个等值线图，常用蓝色表示最小值，用红色表示最大值，但蓝色和红色用黑白打印机打出来后都接近于黑色。而如果用灰度系列的颜色绘制，黑色表示最小值，白色表示最大值，看起来就清楚多了。即使这样，灰度的色阶也不要太多。因为打印机或者印刷机能表现出的色阶有限，一般以 16 阶左右为宜。

例 20：用灰度调色板绘制一个等值线图。

```
>>z = peaks(50);
contourf(z);
colormap(gray(16));
colorbar
```

结果如图 5-44 所示。

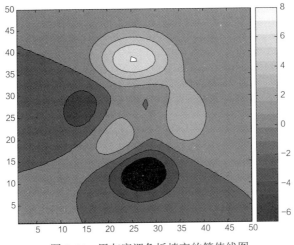

图 5-44　用灰度调色板填充的等值线图

（3）一图多版本

为什么要一图多版本地保存？

上文说过，绘好的图形输出时有多种选择。按图像格式不同，可以有矢量图与位图；按图形颜色不同，可以有黑白图与彩色图。那么，究竟输出成什么格式呢？这由所绘制的图形的用途来决定。上文针对出版物给出了一些建议。但有时图形不仅用在出版物上，还可能用于给别人展示或用在演讲的幻灯片上等。因此，作者建议绘制好一个图形后，尽可能地保存多个版本。

矢量图用于粘贴在出版物中；位图用于向别人展示。

黑白图像主要用在出版物中，但向人展示或者用幻灯片演讲时，彩色图像显然更好。

（4）图形的批量输出

上文已提及，MATLAB 图形的输出可以用鼠标单击"Figure"→"File"→"Save as"项。但如果一次要用程序绘制 100 个图形，同时需要将其保存，这种方法显然太不具有可操作性了。

MATLAB 中提供了用命令输出图形的方法，即 print 函数。print 函数的功能就是将"figure"中的图形输出到文件中。

如，

```
>>jpgfilename = 'fig1.jpg';
print(gcf,'-djpeg',jpgfilename)
```

将当前"figure"上的图形保存成 fig1.jpg 文件。

print 函数的其他用法读者可通过"Help"自行学习。

第**6**章

图形用户界面

GUI 是图形用户界面（Graphic User Interface）的简称，也就是带菜单、工具按钮及对话框等图形化操作控件的程序界面。对于程序开发者来说，大多数 GUI 程序的使用价值远没有它的观赏价值大。但如果想将程序提供给别人使用，写一个 GUI 界面将会极大方便他人使用。此外，对于一些带绘图和显示功能的程序，GUI 界面将会在很大程度上改善程序的操作体验。

6.1 GUI 初步

6.1.1 初识 GUI 编程

GUI 入门也很简单，读者可参考"Help"→"Contents"→"MATLAB"→"Creating Graphical User Interfaces"。

MATLAB 还专门提供了一个 GUI 编写的环境，名为 GUIDE（Graphic User Interface Development Environment）。在 Command Window 中运行 guide 命令，就会弹出一个关于 GUI 编写的向导，按照这个向导，就可以写一些简单的 GUI 了。

应该说，相对于目前流行的编程语言，MATLAB 并不是编写 GUI 程序的好的工具，但如果深入下去，MATLAB 的 GUI 功能并不差，也可以写一些复杂的界面程序。图 6-1 所示为作者写的一个实现数字图像相关方法（一种实验固体力学测量方法）计算的 GUI 界面。

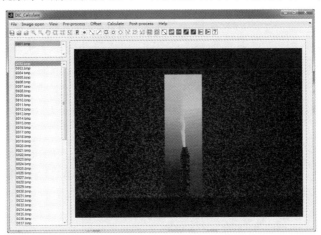

图 6-1　用 MATLAB 编写的数字图像相关方法计算的 GUI 界面

6.1.2 GUI 编程要素——控件、消息与回调函数

（1）GUI 程序运行流程

MATLAB 的 GUI 程序包含两部分：由 GUIDE 编辑后生成的.fig 文件，以及一个同名的.m 文件。前者是一个图形（图 6-2），由一个窗口和程序界面所需的各种控件如按钮、输入框、绘图区、滑动条等组成（事实上，装载这些控件的窗口本身也是一个控件）。后者与前者配套，主要包括窗口的生成函数和各控制消息的回调函数。

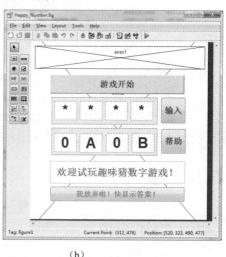

（a）　　　　　　　　　　　（b）

图 6-2　MATLAB GUI 程序的.fig 文件

（a）程序界面；（b）.fig 文件

GUI 程序运行的流程如图 6-3 所示。① 程序首先生成一个窗口；② 等待并接收消息；③ 在接收到消息后，寻找并执行与该消息对应的回调函数；重复②、③两步直到窗口关闭。GUI 程序的.m 文件只列出了窗口生成函数和消息回调函数，而消息检测与响应等内核部分由系统自动完成，无须用户参与，因此并没有体现出来。开发者理解 GUI 程序的运行流程，对于开发 GUI 程序是很有帮助的。

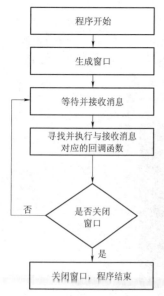

图 6-3　GUI 程序运行流程

如前所述，GUIDE 可以帮助程序开发者完成窗口生成、消息检测等工作，因此需要程序开发者完成的工作其实很简单，即在窗口上设计控件、定制控件的消息，以及编制与消息对应的回调函数。下面分两部分叙述 GUI 界面控件设计及消息与回调函数的设计。

（2）GUI 界面控件设计

在命令栏中输入"guide"，选择"Blank GUI（Deafult）"，进入 MATLAB GUI 编辑界面（图 6-4）。用鼠标拖动左侧控件容器中的一个控件，将其放置在右侧布局区，则初步完成了一个控件的设计。重复上述操作，可以完成界面设计。

控件容器中包含了 14 种 GUI 编程所需的控件。用鼠标在每

个控制上停留片刻，会显示该控件的名称。初学者也可将控件拖到布局区放大，对于一个常操作 Windows 程序的用户来说，只需看到每个控件的样子，基本就了解了该控件的用途和功能。也可以通过设置"File"→"Preference"，勾选"Show names in component palette"，使 GUI 的控件选择区显示每个控件的名称，如图 6-5 所示。

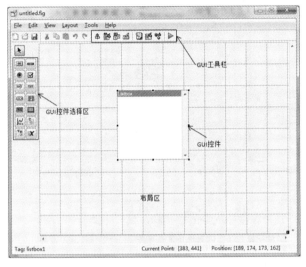

图 6-4 GUI 编辑界面   图 6-5 GUI 的控件选择区
                                     显示控件名称

　　仅靠鼠标拖动控件所设计完成的界面可能很乱，为了使程序界面更美观，还需要对各控制的大小、位置、色彩、字体等进行精确控制。在布局区通过鼠标拖动和使用控件调整工具排布可以进行控件大小和位置的控制，更精确的控制还可以用设置控件的属性来完成。

　　将选中的控件拖入控件布局区后，双击控件，即弹出控件属性查看器，如图 6-6 所示。

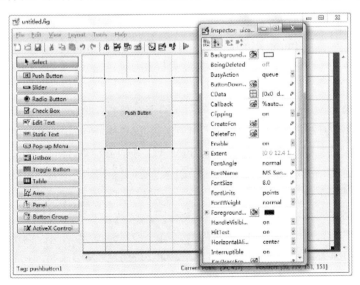

图 6-6 属性查看器

通过修改控件的属性，可以实现对控件的精细控制。例如，通过设置 push_button 的 String、FontSize、FontNane 等属性，可以修改 button 显示的文字、字体及文字大小等，如图 6-7（a）所示。甚至还可以通过设置 button 的"CDATA"属性让 button 显示一个图案，而不是文字，如图 6-7（b）所示。

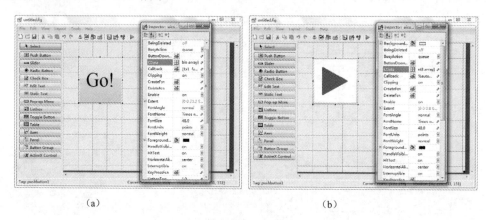

（a）　　　　　　　　　（b）

图 6-7　通过属性对 button 进行修改

（a）修改 button 属性；（b）让 button 显示图案

Tag 属性是一个控件的"姓名"（要和 string 相区分，string 只是控件显示的内容），编程时，在任何时候调用一个控件时，都要通过 Tag 属性来定义控件的"姓名"。在默认情况下，GUIDE 会给控件赋一个通用的按序号排列的 Tag，如"pushbutton9"。这样命名虽然不影响应用，但在编程时会引起一些不方便。与编程时变量命名一样，虽然"Data1""Data2"等变量命名方式也没问题，但如果命名为"name""age"等，则显然更方便一些。因此，建议编程时将控件的 Tag 属性修改为有意义的形式，如修改 Push button 控件的 Tag 属性为"Button_Read"就比"push_Button9"等属性更好一些。在修改完 Tag 属性后，GUIDE 会自动将回调函数的名称修改为

function Button_Read_ Call back(hObject, eventdata, handles)

在有多个控件的程序中，这种命名方式大大提高了程序的可读性，便于程序的编写和后期维护。

（3）GUI 消息与回调函数

GUIDE 自动地为控件添加若干消息，如当鼠标单击一个 push_button 时，会向窗口发出一个特定的消息。当"程序热点"位于该 button 时，按 Enter 键会向窗口发出同样的消息。开发人员还可以定义一些快捷键等，让控件发出与鼠标单击时的同样的消息。对于 GUI 程序来说，上述不同操作是等效的。

回调函数是控件的灵魂，一个控件如果没有回调函数，就不能对操作做出反应，就是没有用处的"空架子"。设计回调函数分为两步：第一步是建立消息同回调函数之间的联系，即建立二者之间的映射；第二步是编写回调函数的内容，让回调函数执行应有的操作。

在 GUIDE 中，建立回调函数比较简单：选择 PushButton 控件，然后单击右键，选择"view Callbacks"→"Call back"，即可生成回调函数，并自动进入回调函数编辑状态。其代

码如下所示。

```
% --- Executes on button press in pushbutton1.
function pushbutton1_Callback(hObject, eventdata, handles)
% hObject    handle to pushbutton1 (see GCBO)
% eventdata  reserved - to be defined in a future version of MATLAB
% handles    structure with handles and user data (see GUIDATA)%
```

建立好回调函数的映射后，就可进入 .m 文件进行编程，按需求编写相应的回调函数的功能。编写回调函数时，所有的编程规则、方法与技巧和之前的过程化编程相同。

（4）GUI 程序中的数据获取及传递

如前所述，GUI 程序的 .m 文件由一个一个独立的函数构成，与其他编程语言一样，变量的有效范围仅存在于一个函数之内，在函数之外是无效的。因此，从一个函数内获取函数之外的数据，或者想将数据传递到另一个函数，需要一些特殊的方法或技巧。

在 GUI 编程中，最常遇到的是对控件属性的获取及修改。例如，在一个用于计算的 push_button 的回调函数中，需要知道一个输入框控件中的文字，以便转换成数字后进行计算，再将结果输入一个文本显示控件中。这就要求能够获取该控件的句柄，以便对该控件进行操作。在 GUI 程序的回调函数中都会传递一个参数——handles，该参数包括了窗口中所有控件的句柄，是一个"句柄包"（因此称为 handles）。有了该参数，调用任何控件的属性都是很容易的。例如：

$$\text{handles.button\_Calculate} \rightarrow \text{string}$$

就表示一个"姓名"（tag 属性）为 button_Calculate 的 push_button 的 string 属性的句柄。

GUI 编程中，有时还需要进行数据的传递，例如，将计算的中间结果传递到另一个回调函数中继续进行计算等。用全局变量可完成这一操作。在 GUI 程序中，也可以定义全局变量，但是对于结构化编程来说，全局变量会给程序设计和维护带来很多问题，因此推荐用另一种方法完成数据的传递。

GUI 所有控件的属性中都有一项"userdata"。这个属性是系统专门留给用户来使用的。程序设计时，通过 set 和 get 函数可以在这个属性中存取任何格式的数据。虽然这个属性中只能存取一个变量，但从前面的内容可知，MATLAB 可以将多个不同类型的变量组合在一个 Cell 类型的变量中，因此，理论上讲，通过一个控件的"userdata"属性可以传递任意多个不同类型的变量。

6.2　GUI 编程实例

本节以一个实现灰度图像二值化的 GUI 程序实例，简单介绍 MATLAB GUI 程序编写的方法、流程和所需注意的事项。

6.2.1　问题描述

灰度图像二值化即对图像的灰度（$I \in [0, 255]$）进行二值化分级：设定一个灰度阈值，按阈值将图像的像素分为两类，即大于阈值的白色（255）和小于阈值的黑色（0）。所设计的二值化操作 GUI 具有 3 个功能：能够读取图像并显示；在二值化时能够调节阈值；能够储存处理后的二值化图像。调节阈值通过两种方式实现：一种是在输入框中直接输入数字，另一种是通过滚动条来调节。下面就对整个制作步骤做详细的说明。

6.2.2　实现过程

（1）图像读取及显示

创建读图功能的按钮，如图 6-8 所示。

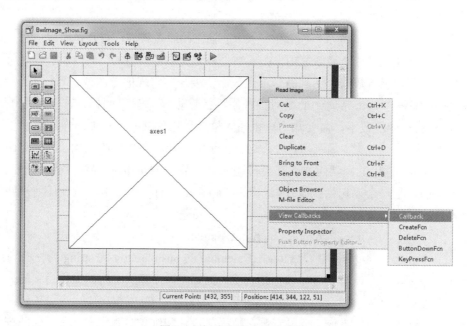

图 6-8　创建读图功能的按钮

如图 6-8 所示，首先建立一个 GUI 界面，命名为 BwImage_Show。在界面左侧控件栏中单击 "Push Button"，在界面上创建一个按钮来实现读图功能。再单击 "Axes"，在界面上创建一个坐标轴，用来显示图像。然后按照上文的介绍，修改按钮的控件属性，将其 String 属性修改为 Read Image，将其 Tag 属性修改为 Read_image。之后右击 "Read Image" 按钮，选择 "View Callback" 进入对应的回调函数。这样，就可以在其对应的函数下添加实现读图功能的程序段了：

```
% --- Executes on button press in Read_image.
function Read_image_Callback(hObject, eventdata, handles)
% hObject    handle to Read_image (see GCBO)
% eventdata  reserved - to be defined in a future version of MATLAB
% handles    structure with handles and user data (see GUIDATA)
[I_name,I_path] = uigetfile('*.bmp','*.jpg','Select the imagee'); %选择图片路径
```

```
I = strcat(I_path,I_name); % 将路径和文件名合成一个字符串
I = imread(I); % 读取图片
imshow(I) % 显示图片
set(handles.Read_image,'userdata','I') % 将图像存储在句柄包中
```

运行程序将会显示图 6-9 所示的界面，单击之前创建的"Read Image"按钮，读取名称为"ring.bmp"的图片文件，图片就会显示出来。

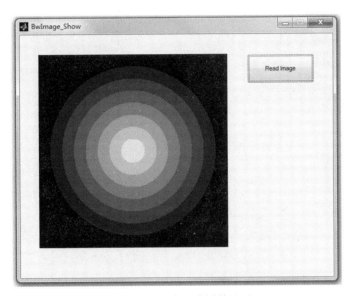

图 6-9　GUI 实现读图并显示

（2）图像二值化处理和显示

如前所述，图像二值化需要给出阈值，因此，在 GUI 窗口内需要设置可以输入的文本编辑框和可以拖动的滚动条分别完成阈值的输入。下面分别介绍两种方法的具体实现方法。

为 GUI 界面添加一个文本编辑框须使用 Edit Text 控件。在界面左侧控件栏中单击"Edit Text"后，将其拖入右侧界面中，创建一个文本输入框，命名为 threshold_edit，如图 6-10 所示，同时将其 String 属性值设为 0.5。再添加一个按钮（"String"为 Show BW Image，"Tag"为 Show_bw_image）来实现二值化操作，其中的阈值就从文本输入框中读取。具体程序如下。

```
% --- Executes on button press in Show_bw_image.
function Show_bw_image_Callback(hObject, eventdata, handles)
% hObject    handle to Show_bw_image (see GCBO)
% eventdata  reserved - to be defined in a future version of MATLAB
% handles    structure with handles and user data (see GUIDATA)
I=get(handles.Read_image,'userdata');% 从句柄包中取出原图像
th=get(handles.threshold_edit,'string');% 读取阈值
th=str2double(th);% 将阈值由字符串转为数字
```

```
bwImage=im2bw(I,th);  % 对原图进行二值化处理
imshow(bwImage)% 显示二值化图像
set(handles.Show_bw_image,'userdata',bwImage)
% 将二值化图像存储在句柄包中
```

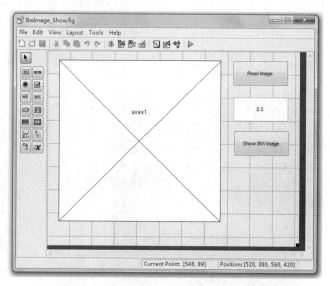

图 6-10　使用 Edit Text 控件输入二值化阈值

对于不同的图像，所需要的阈值是不同的，如果想方便地对阈值进行调整，则可以使用 Slider 控件。在界面左侧控件栏中单击"Edit Text"，在界面上创建一个文本输入框，命名为 threshold_slider，如图 6-11 所示，同时将其 Value 属性值设为 128，调整范围设为 0～255。在该控件下输入以下程序段即可实现灰度阈值的实时调整和二值化图像的实时显示，如图 6-12 所示。

```
% --- Executes on slider movement.
function threshold_slider_Callback(hObject, eventdata, handles)
% hObject    handle to threshold_slider (see GCBO)
% eventdata  reserved - to be defined in a future version of MATLAB
% handles    structure with handles and user data (see GUIDATA)
% Hints: get(hObject,'Value') returns position of slider
%        get(hObject,'Min') and get(hObject,'Max') to determine range of % slider
I=get(handles.Read_image,'userdata');% 从句柄包中取出原图像
th=get(handles.threshold_slider,'value');% 读取阈值
bwImage=im2bw(I,th);  % 对原图进行二值化处理
imshow(bwImage)% 显示二值化图像
set(handles.Show_bw_image,'userdata',bwImage)
% 将二值化图像存储在句柄包中
```

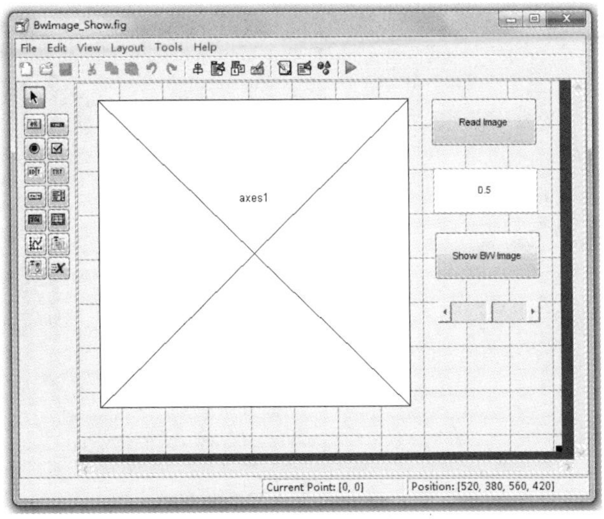

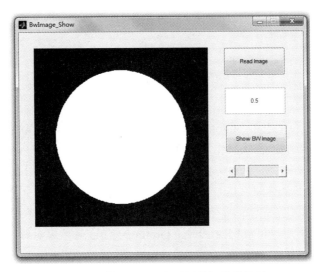

图 6-11 使用 Slider 控件输入二值化阈值

图 6-12 使用 Slider 实时调整阈值并显示

（3）二值化图像存储

回到 GUI 编辑界面，添加一个按钮（"String" 为 Save Image，"Tag" 为 Save_image）来实现二值化图像的存储，如图 6-13 所示。

```
% --- Executes on button press in Save_image.
function Save_image_Callback(hObject, eventdata, handles)
% hObject    handle to Save_image (see GCBO)
% eventdata  reserved - to be defined in a future version of MATLAB
% handles    structure with handles and user data (see GUIDATA)
bwImage=get(handles.Show_bw_image,'userdata');% 从句柄包中取出原图像
imwrite(bwImage,'BW_Image.bmp') %存储图像
```

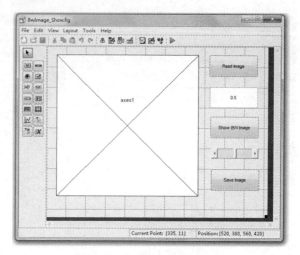

图 6-13　二值化图像的存储

　　运行程序文件，二值化后的图片将会保存在与原始文件相同的文件夹中，文件名称为 BW_Image.bmp。

6.2.3　功能增强

　　以上程序能够完成所有功能，但仍可做一些工作使程序变得更好，比如：

　　（1）界面优化

　　在 GUI 界面中，将所有的 button、slider 和 edit text 简单罗列在界面上会使界面显得非常杂乱无章，也容易给用户造成操作上的麻烦。如果能够按照功能对这些按钮和文本框进行分区，则用户使用起来就会更清楚方便。为实现这个功能，可以使用 Button Group 控件。这个控件的功能是将若干个空间"包"在一起，使其在视觉上成为一个整体，使 GUI 界面更容易理解。这个控件的用法很简单，使用者只需要在左侧控件栏选择并将其放在界面中合适的位置即可。同时，用户也可以修改 Button Group 的 Title 属性来对该区功能进行简单介绍，如图 6-14 所示。

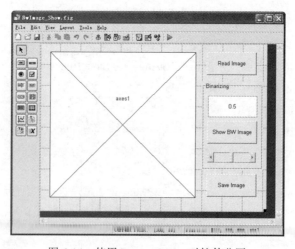

图 6-14　使用 Button Group 对控件分区

　　此外，用户还可以根据前文的介绍，对 GUI 界面的颜色、控件的字体和字号进行设置，使自己的 GUI 更加整洁大方，字体更加清晰，如图 6-15 所示。

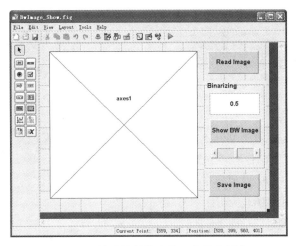

图 6-15　修改控件的字体、字号和颜色

（2）实现控件间的关联

　　前文介绍的两种输入阈值方式，即文本框和滚动条，是互相独立的。改动其中一个，不会影响另一个。事实上，这两个控件应该"联动"，即在文本框中输入一个阈值时，滚动条会自动到达相应的位置；反之，当调整滚动条位置时，文本框会实时显示与之对应的具体的数值。在两个控件的回调函数下添加一些程序段，可以实现上述功能，具体如下。

```
function threshold_edit_Callback(hObject, eventdata, handles)
% hObject    handle to threshold_edit (see GCBO)
% eventdata  reserved - to be defined in a future version of MATLAB
% handles    structure with handles and user data (see GUIDATA)
% Hints: get(hObject,'String') returns contents of threshold_edit as
% text
%         str2double(get(hObject,'String')) returns contents of
% threshold_edit as a double
th=get(handles.threshold_edit,'string');% 读取阈值
set(handles.threshold_slider,'value',str2double(th))
% 将阈值输入滚动条并自动调整
-------------------------------------------------
% --- Executes on slider movement.
function threshold_slider_Callback(hObject, eventdata, handles)
% hObject    handle to threshold_slider (see GCBO)
% eventdata  reserved - to be defined in a future version of MATLAB
% handles    structure with handles and user data (see GUIDATA)
% Hints: get(hObject,'Value') returns position of slider
```

```
%        get(hObject,'Min') and get(hObject,'Max') to determine range of % slider
I=get(handles.Read_image,'userdata');% 从句柄包中取出原图像
th=get(handles.threshold_slider,'value');% 读取阈值
bwImage=im2bw(I,th); % 对原图进行二值化处理
imshow(bwImage)% 显示二值化图像
set(handles.Show_bw_image,'userdata',bwImage) % 将二值化图像存储在句柄包中
set(handles.threshold_edit,'string',num2str(th)) % 将阈值输入文本框并显示
```

（3）输入值检验

由上文可知，阈值必须在 0~255 之间。如果使用者输入超过此范围的数字，二值化结果会出错。为了提高程序的健壮性，需要对阈值输入进行检查。可以在读取文本框内容的位置上添加一段保护程序（加粗显示的程序段），采用判断和显示提示框的方式告知使用者输入的阈值超出范围（图6-16）。

```
function threshold_edit_Callback(hObject, eventdata, handles)
% hObject    handle to threshold_edit (see GCBO)
% eventdata  reserved - to be defined in a future version of MATLAB
% handles    structure with handles and user data (see GUIDATA)
% Hints: get(hObject,'String') returns contents of threshold_edit as
% text
%          str2double(get(hObject,'String')) returns contents of
% threshold_edit as a double
th=get(handles.threshold_edit,'string');% 读取阈值
th=str2double(th);% 将阈值由字符串转为数字
if th>1 ||th<0 % 阈值超限判断
msgbox('输入阈值超限!','输入错误','error') % 显示警告窗口
end
set(handles.threshold_slider,'value',str2double(th))
% 将阈值输入滑动条并自动调整
--------------------------------------------------
% --- Executes on button press in Show_bw_image.
function Show_bw_image_Callback(hObject, eventdata, handles)
% hObject    handle to Show_bw_image (see GCBO)
% eventdata  reserved - to be defined in a future version of MATLAB
% handles    structure with handles and user data (see GUIDATA)
I=get(handles.Read_image,'userdata');% 从句柄包中取出原图像
th=get(handles.threshold_edit,'string');% 读取阈值
th=str2double(th);% 将阈值由字符串转为数字
if th>1 ||th<0 % 阈值超限判断
msgbox('输入阈值超限!','输入错误','error') % 显示警告窗口
```

```
end
bwImage=im2bw(I,th); % 对原图进行二值化处理
imshow(bwImage); % 显示二值化图像
set(handles.Show_bw_image,'userdata',bwImage); % 将二值化图像存储在句柄包中
```

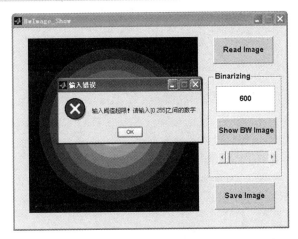

图 6-16　为程序添加输入阈值超限提示的保护程序

下 篇

典型力学问题程序实践

引 言

当力学问题的模型确定后,解决问题的方法不外乎 3 种,即理论分析、数值计算和实验研究。理论分析方法一般是指求解表达力学量之间关系的微分方程或方程组,利用解析解深入分析力学状态或过程;数值计算方法一般是指用数值方法求解微分方程(组),得到方程的数值解,如求解结构力学问题的有限元方法等;实验研究方法是指以实测力学量的方法来求解或研究力学问题。

计算机程序可以在很大程度上推进上述三方面工作,甚至可以说,在目前的形势下,上述三方面工作均离不开计算机程序。MATLAB 可以直接进行常微分方程和偏微分方程的求解,也可以编程实现复杂的科学计算,因而可以用来完成某些理论分析和数值计算工作;MATLAB 可以采集和处理实验数据,因而可以用来完成某些实验测量工作。此外,MATLAB 强大的可视化功能对深入理解和表达力学问题的结果有很重要的作用。

本篇介绍 MATLAB 在解决力学问题中的典型应用。本篇共分为 12 章,第 7~9 章介绍MATLAB 在力学理论分析的应用,包括常微分方程求解及复杂力学解的可视化;第 10~12章介绍 MATLAB 在数值计算中的应用,包括编写简单有限元程序、PDE 工具箱求解力学问题,以及商用有限元软件结果的输出及后处理;第 13~14 章介绍 MATLAB 在实验测量中的应用,包括处理和绘制实验数据及借助 MATLAB 设计新型传感器;第 15~18 章介绍MATLAB 在兵器安全研究中的应用,包括理论建模、微分方程求解、GUI 编程和 PDE 工具箱求解工程问题。

本篇每一部分独立成章,读者可按顺序阅读和学习,也可根据自己的需求和兴趣挑选章节进行阅读和学习。

第 7 章

求解傅科摆的运动轨迹

傅科摆是科学史上一个著名的实验，这个实验是人类第一次不借助地球以外的参照物证明地球自转的伟大尝试。借助理论力学知识容易列出傅科摆的动力学方程，但要从方程中得到其运动轨迹，则需要求解复杂的微分方程，通常情况下，这一步并不容易。本章用 MATLAB 求解傅科摆的动力学方程，得出其运动轨迹的解析表达式，进而用 MATLAB 对解析解进行可视化处理，达到对傅科摆实验直观了解的目的。

7.1 傅科摆的动力学方程

设傅科摆摆长为 l（远大于摆锤尺寸），摆锤质量为 m，悬挂于北纬 φ 度处。由于摆长远大于摆锤尺寸，当摆锤做小角度摆动时，可认为摆锤在水平面内运动。如图 7-1 所示，以摆锤平衡位置为原点 O，Ox 指向正南方向，Oy 指向正东方向，建立直角坐标系。

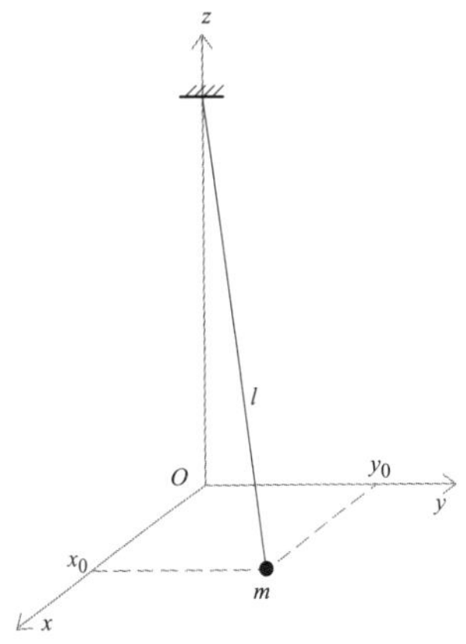

摆锤受重力、科氏惯性力和摆线张力，假设摆线张力 $F_T \approx mg$，可得出动力学微分方程为

$$\left.\begin{aligned}\ddot{x} - 2\omega\sin\varphi\,\dot{y} + \frac{g}{l}x = 0 \\ \ddot{y} + 2\omega\sin\varphi\,\dot{x} + \frac{g}{l}y = 0\end{aligned}\right\} \tag{7-1}$$

图 7-1 傅科摆示意图

其中，g 为重力加速度；ω 为地球自转角速度；φ 为实验所在地的纬度。

此方程组的求解非常烦琐，用数学方法直接求出其通解有一定的难度，通解的形式也很复杂。如果限定一定的初始条件，例如限定摆动初始条件为：$x(0) = A$，$y(0) = 0$，$\dot{x}(0) = B$，$\dot{y}(0) = C$，即在 x 轴上以一定初速释放摆锤，则该方程组的解可简化为

$$\left.\begin{aligned}x = \frac{1}{D+E}\left[\sqrt{B^2 + (AD+C)^2}\cos(Et+\theta_1) + \sqrt{B^2 + (AE-C)^2}\cos(Et-\theta_2)\right] \\ y = \frac{1}{D+E}\left[\sqrt{B^2 + (AD+C)^2}\sin(Et+\theta_1) - \sqrt{B^2 + (AE-C)^2}\sin(Et-\theta_2)\right]\end{aligned}\right\} \tag{7-2}$$

其中，

$$\theta_1 = \arctan\frac{-B}{AD+C}, \theta_2 = \arctan\frac{B}{AE-C}$$

$$D = \sqrt{\frac{g}{l}} + \omega\sin\varphi, E = \sqrt{\frac{g}{l}} - \omega\sin\varphi$$

下面利用 MATLAB 的微分方程求解函数 dsolve 对该方程组进行求解。

7.2　dsolve 求解常微分方程

dsolve 主要用来求解符号常微分方程或方程组，并给出相应的解析形式。

> **句法**
>
> 　　y = dsolve('eq1,eq2,...', 'cond1,cond2,...', 'x')
>
> **说明**
>
> 　　dsolve：该函数用来求解符号常微分方程或方程组。
>
> 　　'eq1,eq2,...'：待求解微分方程（组）。
>
> 　　'cond1,cond2,...'：初始（边界）条件。
>
> 　　'x'：是独立变量，空缺时默认为't'。
>
> 　　'y'：求得的微分方程（组）的通（或特）解。

例 1：使用 dsolve 求解傅科摆摆锤运动轨迹方程的通解。

```
>> [x y] = dsolve('D2x-2*w*Dy*sin(a)+g/l*x = 0', 'D2y+2*w*Dx*sin(a)+
g/l*y = 0')


x =

(C1*l*exp(t*(2*w*sin(c)*(w^2*sin(c)^2+g/l)^(1/2)-g/l-2*w^2* sin(c)^2)^(1/2))
*(w^2*sin(c)^2+g/l)^(1/2))/g-(C2*l*exp(t*(-2*w^2* sin(c)^2-
g/l-2*w*sin(c)*(w^2*sin(c)^2+g/l)^(1/2))^(1/2))* (w^2* sin(c)^2+g/
l)^(1/2))/g-(C3*l*(w^2*sin(c)^2+g/l)^(1/2))/ (g*exp(t* (-2*w^2*sin(c)^2-g/l-2*w*
sin(c)*(w^2*sin(c)^2+g/l)^ (1/2))^(1/2)))+(C4*l*(w^2*sin(c)^2+g/l)^(1/2))/(g*exp(t*
(2*w* sin(c)*(w^2*sin(c)^2+g/l)^(1/2)-g/l-2*w^2* sin(c)^2)^(1/2)))+(C1*l*w*exp
(t*(2*w* sin(c)* (w^2*sin(c)^2+g/l)^(1/2)-g/l-2*w^2*sin(c)^2)^(1/2))*sin(c))
/g+(C2*l*w*exp(t*(-2*w^2*sin (c)^2-g/l-2*w*sin(c)*(w^2*sin(c)^2+g/l)^(1/2))^
(1/2))*sin(c))/g+(C3*l*w*sin(c))/(g*exp(t*(-2*w^2* sin(c)^2-g/l-2*w*sin(c)*(w^2
* sin(c)^ 2+g/l)^(1/2))^(1/2)))+(C4*l*w*sin(c))/(g*exp(t*(2*w*sin(c)* (w^2*sin
(c)^2+g/l)^(1/2)-g/l-2*w^2*sin(c)^2)^(1/2)))

y=
```

```
-(l*(C1*exp(t*(2*w*sin(c)*(w^2*sin(c)^2+g/l)^(1/2)-g/l-2*w^2* sin(c)^2)^(1/2))
*(2*w*sin(c)*(w^2*sin(c)^2+g/l)^(1/2)-g/l-2*w^2*sin(c)^2)^(1/2)+C2*exp(t*(-2*
w^2*sin(c)^2-g/l-2*w*sin(c)* (w^2*sin(c)^2+g/l)^(1/2))^(1/2))*(-2*w^2*sin(c)^
2-g/l-2*w*sin(c)*(w^2*sin(c)^2+g/l)^(1/2))^(1/2)-(C3*(-2*w^2*sin(c)^2-g/l-2*w*
sin(c)*(w^2*sin(c)^2+g/l)^(1/2))^(1/2))/exp(t*(-2*w^2* sin(c)^2-g/l-2*w*sin
(c)*(w^2*sin(c)^2+g/ l)^(1/2))^(1/2))-(C4*(2*w*sin(c)*(w^2*sin(c)^2+g/l)^(1/2)
-g/l-2*w^2* sin(c)^2)^ (1/2))/exp(t*(2*w*sin(c)*(w^2*sin(c)^2+g/l)^(1/2)-g/l-2
*w^2* sin(c)^2)^(1/2))))/g-(l*(2*C1*l*w^2*exp(t*(2*w*sin(c)* (w^2* sin (c)^2+g
/l)^(1/2)-g/l-2*w^2*sin(c)^2)^(1/2))* sin(c)^2* (2*w*sin(c)* (w^2*sin(c)^2+g/l)
^(1/2)-g/l-2*w^2* sin(c)^2)^(1/2)+2*C2*l*w^2*exp (t*(-2*w^2*sin(c)^2-g/l-2*w* s
in(c)*(w^2*sin(c)^2+g/l)^(1/2))^ (1/ 2))*sin(c)^2*(-2*w^2*sin(c)^2-g/l-2*w*sin
(c)*(w^2*sin(c)^2+g/l)^(1/2))^(1/2)-(2*C3*l*w^2* sin(c)^2*(-2*w^2*sin(c)^2-g/l
-2*w*sin(c)*(w^ 2*sin(c)^2+g/l)^(1/2))^(1/2))/exp(t*(-2*w^2*sin(c)^2-g/l-2*w*s
in(c)*(w^2*sin(c)^2+g/l)^(1/2))^(1/2))-(2*C4*l*w^2* sin(c)^2* (2*w*sin(c)*(w^2*
sin(c)^2+g/l)^(1/2)-g/l-2*w^2* sin(c)^2)^(1/2))/exp(t*(2*w*sin(c)*(w^2*sin
(c)^2+g/l)^(1/2)-g/l-2*w^2*sin(c)^2)^(1/2))+2*C1*l*w*exp(t*(2*w*sin(c)*(w^2* si
n(c)^2+g/l)^(1/2)-g/l-2*w^2*sin(c)^2)^(1/2))*sin(c)*(w^2*sin(c)^2+g/l)^ (1/2)*
(2*w*sin(c)*(w^2*sin(c)^2+g/l)^(1/2)-g/l-2*w^2* sin(c)^2)^(1/2)-2*C2*l*w*exp(t*
(-2*w^2*sin(c)^2-g/ l-2*w* sin(c)*(w^2*sin(c)^2+g/l)^(1/2))^(1/2))*sin(c)*(w^2
*sin(c)^2+g/l)^ (1/2)*(-2*w^2*sin(c)^2-g/l-2*w*sin(c)*(w^2*sin(c)^2+g/l)^ (1/
2))^(1/2)+(2*C3*l*w*sin(c)*(w^2*sin(c)^2+g/l)^(1/2)*(-2*w^2* sin(c)^2-g/l-2*w*s
in(c)*(w^2*sin(c)^2+g/l)^(1/2))^(1/2))/exp(t*(-2*w^2*sin(c)^2-g/l-2*w*sin(c)*(w
^2*sin(c)^2+g/l)^(1/2))^(1/2))-(2*C4*l*w*sin(c)*(w^2*sin(c)^2+g/l)^(1/2)*(2*w*s
in(c)*(w^2*sin(c)^2+g/l)^(1/2)-g/ l-2*w^2*sin(c)^2)^(1/2))/exp(t*(2*w*sin(c)*
(w^2* sin(c)^2+g/l)^(1/ 2)-g/l-2*w^2*sin(c)^2)^(1/2))))/g^2
```

从上面解析解表达式中读者很难看出摆的运动形式。为直观认识摆动过程，可以利用 MATLAB 命令对解析解进行可视化处理。实现可视化最重要的两个步骤是画摆绳和摆锤，并让摆绳和摆锤按上述表达式在不同的时刻出现在不同的位置。

画摆锤和摆绳可以用 MATLAB 的 line 函数实现。

句法

    h = line(X, Y, Z, 'PropertyName', propertyvalue, ...)

说明

    line：函数在三维空间中画一个点（*X, Y, Z* 是数字）或一条线（***X, Y, Z*** 是向量）。

    X, Y, Z：为数字时，表示在空间（*X, Y, Z*）点画一个点；为向量时，表示依次将对应的点连成线。

    'PropertyName'：需要设置的属性的名称。

---

propertyvalue：设置属性的具体值。

h：所画对象返回的句柄。通过设置 h，可以修改对象属性。

例 2：使用 line 命令，画出一条摆绳和一个摆锤。

```
>>pendulumline = line([0,10],[0,10],[0,10]); % 摆线
>>pendulumbob = line(10,10,10);
>>set(pendulumbob, 'marker','.','markersize', 25); % 摆锤
>>view([15 30]); % 设置视角
>>box on; % 显示边框
```

输出结果如图 7-2 所示。

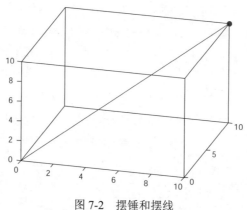

图 7-2　摆锤和摆线

在新的时刻，通过 set 函数设置摆线和摆锤的 line 对象的 xdata、ydata、zdata 属性，可以画一条新的摆线和摆锤。这就实现了动态显示。

此外，为了更明显地显示摆平面的变化，还可以通过 line 函数将摆锤的轨迹记录下来，并进行实时更新。

以真实傅科摆（摆长 67 m，摆锤质量 28 kg）为例，对上述解析解进行可视化显示，最终的程序列举如下。程序运行之后提示输入纬度值、x 方向初始坐标 x_0、y 方向初始坐标 y_0、x 方向初始速度 u_0，以及 y 方向初始速度 v_0 等参数，之后程序便显示动态的摆动效果。真实傅科摆的摆平面转动周期非常长（为 32 h），为了使摆平面转动效果更明显，可在程序中增大地球自转角速度，使程序显示一种"夸大"的摆平面转动过程。

图 7-3 所示为纬度值为 45°，$x_0=2$，$y_0=2$，$u_0=0$，$v_0=0$，且地球自转角速度为 $2\pi/100$ 时（真实角速度为 $2\pi/86\,400$），摆锤的运动轨迹。

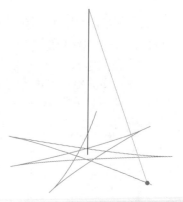

图 7-3　傅科摆的运动轨迹

```
%%==================================================================%
%% 文件名:foucaultpendulum.m
%% 功能:利用 dsolve 求解傅科摆的轨迹方程,并模拟傅科摆的摆动效果
%% 输入参数:通过 command 窗口提示输入傅科摆的初始条件
%%==================================================================%
%
close all
clear all
clc
%% 读取数据
a = input('请输入纬度=');
x0 = input('请输入 x 方向初始坐标 x0=');
y0 = input('请输入 y 方向初始坐标 y0=');
u0 = input('请输入 x 方向初始速度 u0=');
v0 = input('请输入 y 方向初始速度 v0=');


c = a*pi/180;
w = pi/50;
l = 67;
t = 0:0.1:60;
g = 9.8;


[x y] = dsolve('D2x-2*w*Dy*sin(c)+x*g/l = 0, D2y+2*w*Dx*sin(c)+y*g/l = 0', ...
['x(0)=',num2str(x0)],['y(0)=',num2str(y0)],['Dx(0)=',num2str
(u0)],['Dy(0)=',num2str(v0)]);
%% 求解微分方程组,获得符号表达式
x = subs(x);   % 将数值带入符号表达式
y = subs(y);   % 将数值带入符号表达式


%% 可视化
set(gcf,'color',[1 1 1]);
axis([-0.6 0.6 -1 0.2]);
axis off
axis equal
z = -(l^2-x.^2-y.^2).^0.5;
```

```
verticalaxis = line([0,0],[0,0],[0,min(z)],'color','k','linestyle','-', 'linewidth',
1.5); % 竖轴
pendulumline = line([0,x(1)],[0,y(1)],[0,z(1)],'color','y','linestyle', '-','linewidth',
2); % 摆线初始化
pendulumbob = line(x(1),y(1),z(1),'color','r','marker','.', 'markersize', 25);
% 摆锤初始化
pendulumtra = line([x(1),x(1)],[y(1),y(1)],[z(1),z(1)]); % 摆锤起点
axis square
axis([min(x) max(x) min(y) max(y) min(z) 0])
hold on
grid on
for i = 1:size(t,2)
    set(pendulumline,'xdata',[0,x(i)],'ydata',[0,y(i)],'zdata',[0, z(i)]);
% 更新摆线位置
    set(pendulumbob,'xdata',x(i),'ydata',y(i),'zdata',z(i));
% 更新摆锤位置
    set(pendulumtra,'xdata',x(1:i),'ydata',y(1:i),'zdata',z(1:i))
% 更新轨迹
    drawnow;
end
```

第 **8** 章

求解滑动摆系统的运动形式

　　微分方程是表达力学关系的最基本手段，要对力学问题进行解析分析，就必须求解微分方程的解析解。上一章用傅科摆的例子和 dsolve 函数展示了 MATLAB 求解简单微分方程的功能。本章以滑动摆为例，展示用 MATLAB 求解更复杂微分方程的功能。

8.1　滑动摆的动力学方程

　　一个单摆悬挂于可沿水平光滑轨道滑动的滑块上，如图 8-1 所示。滑块质量为 m，单摆的摆杆长度为 l，质量不计，摆锤质量为 m'，摆杆与滑块光滑铰接，整个系统在同一竖直平面内运动，研究整个滑动摆系统的运动情况。

　　如图 8-1 所示，沿直线水平轨道建立 Ox 轴，以 x 表示滑块在轨道上的位置，以 θ 表示摆杆与竖直线的夹角。则系统的拉格朗日函数为

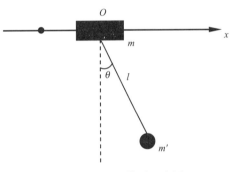

图 8-1　滑动摆模型示意图

$$
\begin{aligned}
L = T - V = \frac{1}{2}(m+m')\left(\frac{\mathrm{d}x}{\mathrm{d}t}\right)^2 + \\
\frac{1}{2}m'l^2\left(\frac{\mathrm{d}\theta}{\mathrm{d}t}\right)^2 + m'l\frac{\mathrm{d}x}{\mathrm{d}t}\frac{\mathrm{d}\theta}{\mathrm{d}t}\cos\theta + m'gl\cos\theta
\end{aligned}
\tag{8-1}
$$

　　令 $M = \dfrac{m'}{m+m'}$，由拉格朗日方程得系统的运动微分方程

$$
\left.
\begin{aligned}
\frac{\mathrm{d}^2\theta}{\mathrm{d}t^2} &= \frac{-M\cos\theta\sin\theta\left(\dfrac{\mathrm{d}\theta}{\mathrm{d}t}\right)^2 - \dfrac{g}{l}\sin\theta}{1-M\cos^2\theta} \\[4mm]
\frac{\mathrm{d}^2x}{\mathrm{d}t^2} &= \frac{Mg\cos\theta\sin\theta + Ml\sin\theta\left(\dfrac{\mathrm{d}\theta}{\mathrm{d}t}\right)^2}{1-M\cos^2\theta}
\end{aligned}
\right\}
\tag{8-2}
$$

　　求解式（8-2）可得滑动摆系统运动情况的解析表达式。

8.2　用 ode45 求解常微分方程

上述微分方程组比较复杂，用 dsolve 求解解析解非常耗时，且不一定可行。在实际应用中，对于复杂的微分方程（组），很多时候解析解是很难得到的，因此经常以求解数值解来代替解析解。本节介绍一个求解微分方程数值解的函数——ode45。ode45 采用四阶和五阶 Runge-Kutta 单步算法，用变步长求解器求解非刚性常微分方程，其解具有二阶精度。在 MATLAB 中，ode45 是解决微分方程（组）数值解问题的首选方法。

> **句法**
>
> 　　[T, Y] = ode45(odefun,tspan,y0,options)
>
> **说明**
>
> 　　ode45：函数用来求解微分方程（组）数值的解。
>
> 　　odefun：函数句柄，可以是函数文件名、匿名函数句柄或内联函数名。
>
> 　　tspan：求解时间区间或时间点。
>
> 　　y0：初值向量。
>
> 　　options：求解参数（可选），可以用 odeset 在计算前设定容许误差、输出参数、事件等。
>
> 　　T：返回列向量的时间点。
>
> 　　Y：返回对应 T 时刻的求解结果。

ode45 求解常微分方程（组）的最重要一步就是对方程（组）进行降阶处理，使求解方程（组）全部变为一阶微分方程。对于式（8-2），可进行如下降阶处理。

令 $y_1 = \theta$，$y_2 = \dfrac{\mathrm{d}\theta}{\mathrm{d}t}$，$y_3 = x$，$y_4 = \dfrac{\mathrm{d}x}{\mathrm{d}t}$，则式（8-2）化为四个一阶微分方程：

$$\left.\begin{aligned}
\frac{\mathrm{d}y_1}{\mathrm{d}t} &= y_2 \\[2mm]
\frac{\mathrm{d}y_2}{\mathrm{d}t} &= \frac{-My_2^2\cos y_1\sin y_1 - \dfrac{g}{l}\sin y_1}{1 - M\cos^2 y_1} \\[2mm]
\frac{\mathrm{d}y_3}{\mathrm{d}t} &= y_4 \\[2mm]
\frac{\mathrm{d}y_4}{\mathrm{d}t} &= \frac{Mg\cos y_1\sin y_1 + Mly_2^2\sin y_1}{1 - M\cos^2 y_1}
\end{aligned}\right\} \tag{8-3}$$

进行降阶处理后，就可用 ode45 命令直接求解。

为了更直观地了解滑动摆滑块与摆锤之间的相对运动，可以利用 MALTAB 的可视化功能对滑动摆的运动进行可视化模拟。滑动摆的可视化过程与上一章傅科摆可视化类似，这里不再赘述，只给出程序。

可视化程序完成两个功能：第一是绘制系统运动参数 x 和 θ 的时程变化曲线（图 8-2），第二是生成一个模拟滑动摆运动过程的动画（avi 视频文件）。图 8-3 是其中一帧图像（动画制作的内容将在第 9 章介绍)。

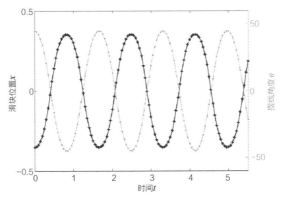

图 8-2　滑块位置与摆线角度随时间变化曲线

图 8-3　某时刻滑动摆的运动状态图

```
%%===============================================================%%
%% 文件名:SlidePendulum.m
%% 功能:利用 ode45 求解滑动摆轨迹的数值解,将其可视化,同时将摆动过程制作成 avi 格式
%% 的视频
%%===============================================================%%
%
close all;clear all;clc
g = 9.8;m1 = 3;m2 = 3;l = 1;
[t, y] = ode45('SlidePendulum_fun',[0:0.05:5.5],...
    [pi/4,0,-cos(pi/4)/2,0],[],m2/(m1+m2),g,l);
%% 画曲线
figure('color',[1 1 1],'unit','normalized','position',[0.1 0.1 0.45 0.5]);
[ax, h1, h2] = plotyy(t,y(:,3),t,180*y(:,1)/pi);
xlabel('时间{\itt}','fontname','Times new roman','fontsize',20);
ylabel(ax(1),'滑块位置{\itx}','fontname','Times new roman','fontsize', 20)
ylabel(ax(2),'摆线角度{\it\theta}','fontname','Times new roman', 'fontsize', 20)
```

```
set(ax(1),'fontname','Times new roman','fontsize',20,'xlim',[0 5.5])
set(ax(2),'fontname','Times new roman','fontsize',20,'xlim',[0 5.5], 'ylim',[-60 60])
set(h1,'linestyle','-','marker','*','linewidth',2)
set(h2,'linestyle','-','marker','.')
%% 可视化
fig = figure('color',[1 1 1],'unit','normalized','position',[0.5 0.5 0.45 0.45]);
axis([-0.6 0.6 -1 0.2]);axis equal;axis off;hold on
y1 = -l*cos(y(:,1));
x1 = y(:,3)+l.*sin(y(:,1));
line1 = line([-0.6,0.6],[0,0],'linewidth',4,'color',[0 0 0]);
%滑轨初始化
line2 = line([0,0],[0,-1],'linewidth',1,'linestyle','-.','color',[0 0 0]);
%竖轴初始化
pole = line([y(1,3),x1(1)],[0,y1(1)],'color',[1 1 0],'linestyle', '-',...
    'linewidth',3,'erasemode','xor'); %滑杆初始化
block1 = line([y(1,3)-0.08,y(1,3)+0.08],[0,0],'color',[0 0 1],...
    'linestyle','-','linewidth',20,'erasemode','xor');%滑块初始化
block2 = line(x1(1),y1(1),'color',[1 0 0],'marker','.', 'markersize',...
60,'erasemode','xor');%摆锤初始化
mov = avifile('Video.avi','fps',20);
% 创建视频文件 Video.avi,设帧率为 20fps
for i = 1:size(t,1)
    set(pole,'xdata',[y(i,3),x1(i)],'ydata',[0,y1(i)]);
    set(block1,'xdata',[y(i,3)-0.08,y(i,3)+0.08],'ydata',[0,0]);
    set(block2,'xdata',x1(i),'ydata',y1(i));
    drawnow; %更新滑动摆位置
    pause(0.05)
    F = getframe(fig);
mov = addframe(mov,F); % 添加图像至视频文件
end
mov = close(mov); % 关闭视频文件
%=================================================================%
%% 文件名 SlidePendulum_fun.m
%% 本函数为上述程序中,计算灰度重心的子函数
%% 参数 image:切割后的用于计算的图像
%% 参数 threshold:灰度阈值
%=================================================================%
function k = SlidePendulum_fun(t,y,flag,M,g,l)
```

```
k = [y(2);
    (-M*sin(y(1))*cos(y(1))*y(2)^2-...
    g/l*sin(y(1)))/(1-M*cos(y(1))^2);
    y(4);
    (M*g*sin(y(1))*cos(y(1))+M*l*...
    sin(y(1))*y(2)^2)/(1-M*cos(y(1))^2)];
```

第9章

可视化一个弹性力学的解析解

弹性力学问题的解析解一般都是非常冗长复杂的公式，对于绝大多数学生来说，在脑海中形象化展示这些公式的结果并快速理解其含义都是不可能完成的任务。而如果将这些公式可视化后变成直观的图形或图像，则其含义就很容易理解了。因此，对复杂公式的可视化将非常有助于对弹性力学解析解的理解。本章以一个经典弹性力学问题——对径受压圆盘为例，来说明复杂解析解可视化的过程和方法。

9.1 对径受压圆盘的应力分布

如图 9-1 所示的对径受压圆盘，圆盘半径为 r，厚度为 t。按弹性力学理论，圆盘表面的应力解为

$$\begin{cases} \sigma_x = \dfrac{2p}{\pi t}\left\{ \dfrac{(r+y)x^2}{[(r+y)^2+x^2]^2} + \dfrac{(r-y)x^2}{[(r-y)^2+x^2]^2} - \dfrac{1}{2r} \right\} \\[3mm] \sigma_y = \dfrac{2p}{\pi t}\left\{ \dfrac{(r+y)^3}{[(r+y)^2+x^2]^2} + \dfrac{(r-y)^3}{[(r-y)^2+x^2]^2} - \dfrac{1}{2r} \right\} \\[3mm] \tau_{xy} = \dfrac{2p}{\pi t}\left\{ \dfrac{(r+y)^2x}{[(r+y)^2+x^2]^2} - \dfrac{(r-y)^2x}{[(r-y)^2+x^2]^2} \right\} \end{cases} \tag{9-1}$$

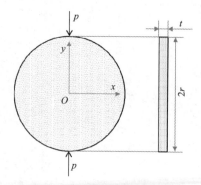

图 9-1 巴西圆盘试件尺寸图

9.2　应力分布的可视化过程

本节以应力分量 σ_x 的可视化为例进行说明。可视化时，首先要生成一个数据矩阵，这需要先在给定区域内生成一个表达 σ_x 的矩阵，然后就可以利用 MATLAB 的强大的绘图功能绘制各种图形了。

设圆盘的半径 r =25 mm，厚度 b=1 mm，绘制当 p＝−1 N时的应力解。

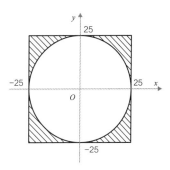

9.2.1　数据矩阵的生成

首先设定计算区域，并给出圆盘上每一点的坐标。这一步可通过 MATLAB 的 meshgrid 函数实现，其功能在上一篇已经叙述过。

已知圆盘的半径为 25 mm，设定绘图区域如图 9-2 所示。

例 1：生成如图 9-2 所示的绘图区域，并根据式（9-1）求解出对应区域的 σ_x。

图 9-2　绘图区域

```
>>r = 25;t = 5;p = -1;
[x,y]= meshgrid(-25:0.1:25,-25:0.1:25);%%生成计算区域点阵

yrx = (y+r).*(y+r) + x.*x;
yrx = yrx.*yrx;
ryx = (r-y).*(r-y) + x.*x;
ryx = ryx.*ryx;
yr = (y+r);
ry = (r-y);
sigmax = 2 * p / (pi*t) * (yr.*x.*x./yrx + ry.*x.*x./ryx-1/(2*r));
```

9.2.2　绘图中的细节考虑

用上一节的方法计算出的圆盘的应力解存在一个问题，即图 9-2 中的圆盘之外的区域也存在应力值。为了消除这些区域的影响，可先判定圆盘的范围，然后将圆盘之外区域的数据点设为 0。用一个语句可完成上述设置：

```
>> sigmax(x.*x + y.*y - r.*r > 0)=0;
```

在应力分量数据矩阵生成后，就可以利用 MATLAB 绘图函数进行可视化了。图 9-3 是用 contourf 显示的 σ_x 的结果。可以发现，尽管将圆盘之外的区域设置为 0，但这些设置却给绘图函数带来"麻烦"。在试件边界处，由于应力突跳，正式绘图区的数据很难显示出来（图 9-3）。

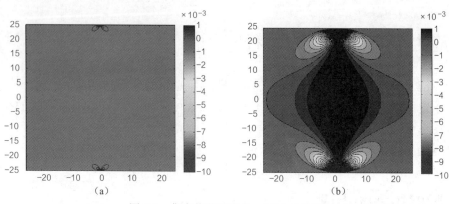

图 9-3　集中载荷下圆盘 σ_x 应力分布图

（a）20 条等值线；（b）150 条等值线

利用 MATLAB 的 nan，可以完美解决上述问题。nan 有两个特点，即参与任何运算时，其结果都是 nan；绘图函数不处理 nan 数据点，在该数据点处显示背景色。

将圆盘区域之外的点设置为 nan：

```
>> sigmax(x.*x + y.*y - r.*r > 0)=nan;
```

将其可视化后，可以明显地看出有用的绘图区域，但由于端部应力梯度较大，等值线非常集中，效果不够美观，如图 9-4（a）所示。可以利用 shading flat 命令去掉黑色的等值线，使图像更加好看些，如图 9-4（b）所示。

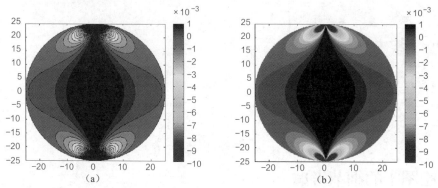

图 9-4　巴西圆盘应力结果（σ_x）可视化

（a）未去掉等值线；（b）去掉等值线

9.2.3　可视化结果

也可以用 MATLAB 的其他绘图方式对应力解可视化显示。

例 2：使用 pcolor 函数对巴西圆盘的 x 方向应力、y 方向应力和剪应力进行可视化显示。

```
%% pcolor
figure;
h1 = subplot(1,3,1);pcolor(x,y,sigmax);caxis([-10e-3,0.001]);
axis equal;axis tight;colorbar;shading flat;
```

```
h2 = subplot(1,3,2);pcolor(x,y,sigmay);caxis([-0.1,-0.001]);
axis equal;axis tight;colorbar;shading flat;
h3 = subplot(1,3,3);pcolor(x,y,sigmaxy);caxis([-0.06,0.06]);
axis equal;axis tight;colorbar;shading flat;
title(h1,'\it\sigma_x','fontname','Times new roman');
title(h2,'\it\sigma_y','fontname','Times new roman')
title(h3,'\it\tau_{xy}','fontname','Times new roman')
```

采用以上方法可方便得到如图 9-5 所示的可视化结果。

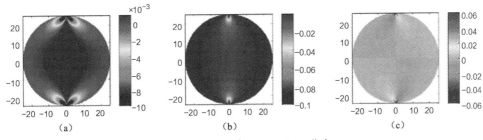

图 9-5　巴西圆盘 σ_x、σ_y 及 τ_{xy} 分布

（a）σ_x；（b）σ_y；（c）τ_{xy}

另外，还可以通过 σ_x、σ_y 及 τ_{xy} 计算巴西圆盘的最大剪应力 $\tau_{\max}$ 和主方向 θ，如图 9-6 所示。在实验力学领域，有一种测量应力场分布的方法，称为光弹方法，其等差线和等倾线正好代表的是主应力差和主方向，其条纹分布与这两个场的分布是类似的，本书后面还会详述。

```
tau_max = (sigmax-sigmay)/2;%计算最大剪应力
theta = sigmax; %初始化主方向
m = 1;
for i = 1:501
    for j = 1:501
        if ~isnan(sigmax(i,j))
            [k l] = eig([sigmax(i,j),sigmaxy(i,j);sigmaxy(i,j), sigmay(i,j)]);
            if k(1,m)>=0
                theta(i,j) = atan(k(2,m)/k(1,m));
            elseif k(2,m)>=0
                theta(i,j) = pi + atan(k(2,m)/k(1,m));
            elseif k(2,m)<0
                theta(i,j) = pi - atan(k(2,m)/k(1,m));
            end
        end
    end
end
```

```
end
figure;
h1 = subplot(1,2,1);pcolor(x,y,tau_max);caxis([0,0.02]);axis equal; ...
    colorbar;shading flat;ylim([-25 25]);
h2 = subplot(1,2,2);pcolor(x,y,theta);axis equal;...
    colorbar;shading flat;ylim([-25 25]);
title(h1,'{\it\tau}_{max}','fontname','Times new roman')
title(h2,'\it\theta','fontname','Times new roman')
```

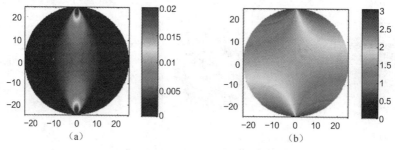

图 9-6　巴西圆盘 τ_{max} 及主方向 θ 的分布

（a）τ_{max}；（b）θ

9.3　动画显示加载过程的应力变化

有了上述可视化程序，输入不同载荷，即可得到不同的应力场。如果想要连续显示不同载荷下应力场的变化，可以利用 MATLAB 的动画制作功能，生成动画来动态显示结果。

9.3.1　动画制作的基本概念

动画一般由视频文件来保存，如.avi 文件。一个视频文件（不包括声轨）的基本结构如图 9-7 所示，除文件头外，其基本组成部分是一帧帧图像，每一帧称为 frame。所以，制作动画的基本过程包括两步：一是创建视频文件，二是构建 frame 的内容。

图 9-7　视频文件结构

在 MATLAB 中创建视频文件非常简单，用函数 avifile 可以方便实现，其格式为：

句法

　　aviobj = avifile(filename, 'Param1', Val1, 'Param2', Val2,...)

> 说明
>
>   avifile：创建一个 AVI 格式的视频文件。
>
>   filename：视频文件名。
>
>   'Param1', Val1, 'Param2', Val2, ...：设定参数，具体可设定的参数可参照"Help"。

创建视频文件后，就要向其中填充 frame，填充完毕后，用 close 函数将其关闭（相当于对文件进行"封口"）后，就可以用播放软件进行播放了。

由前面的叙述可知，生成视频文件最重要的一步是填充 frame。填充 frame 用 addframe 函数实现，其格式为：

> 句法
>
>   aviobj = addframe(aviobj,F)
>
> 说明
>
>   将帧图像放入视频文件中，其中 aviobj 为使用 avifile 命令创建的视频文件的对象，F 为一个 frame。

一般情况下，用一个循环语句即可完成所有 frame 的填充。

动画制作中最有技术含量的步骤是生成 frame。MATLAB 中提供了两种思路生成 frame，即绘图快照式和图像转换式，下面分别介绍。

9.3.2 两种生成 frame 的方式

（1）绘图快照式

绘图快照式是对 MATLAB 显示的图形或图像进行"快照"，生成 frame。其方法为：

> 句法
>
>   F = getframe(h)
>
> 说明
>
>   其中 h 可以为坐标轴的句柄（如"gca"），也可以是窗口的句柄（如"gcf"）。

例 3：消失的圆。用动画显示一个直径为 100 的圆逐渐消失的过程，如图 9-8 所示。

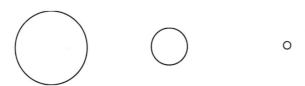

图 9-8　消失的圆

```
%% 制作视频
close all;clear all;clc
mov = avifile('round_Video.avi','fps',10);
```

```
% 创建视频文件 Video.avi,设帧率为 10fps
h = figure('color',[1 1 1]);
round = rectangle('Position',[-50,-50,100,100],'Curvature',[1,1],...
   'EdgeColor','k','LineWidth',4);%圆初始化
axis off;axis equal;axis tight;hold on
for i = 100:-1:0 % 设定循环
   F = getframe(h);% 采集当前坐标轴内的图像
   mov = addframe(mov,F); % 存储图像至视频文件
   if i
   set(round,'Position',[-i/2,-i/2,i,i])
   else
      set(round, 'FaceColor',[1 1 1],'EdgeColor',[1 1 1])
   end
end % 循环结束
mov = close(mov); % 关闭视频文件
```

（2）图像转换式

图像转换式是专门针对图像动画而提供的一种 frame 生成方式，其生成用到的函数为 im2frame，具体说明如下：

句法

　　F = im2frame(I)

说明

　　I：图像的灰度矩阵。

下面以制作英文字母动态显示的视频动画为例，如图 9-9 所示。

图 9-9　原始图像

图 9-9 中包含 26 个灰度值各不相同的英文字母，在本实例中，需要对图像进行二值化处理，实现字母的连续显示。具体的实现程序如下。

```
>> close all
clear all
clc
%% 读取图像
image = imread('字母.bmp'); % 读取图像
%% 显示字母
for i = 1:26 % 设定循环,26个字母连续显示26次
    threshold = 1-(i*8-7)/256; % 设定灰度阈值
    bw = im2bw(image,threshold); % 根据阈值对原始图像进行二值化处理
    imshow(bw) % 显示图像二值化图像
end % 循环结束
```

程序在执行过程中，会不断显示经过二值化处理后的图像，共 26 幅，如图 9-10 所示。

图 9-10　26 幅经过二值化处理后的图像

实现连续显示后，就可以制作视频了。根据上文的流程介绍，只需要在源程序上添加帧图像采集和视频制作的语句即可，具体实现程序如下（加重字体的语句为添加语句）。

```
>>> close all
clear all
clc
%% 读取图像
image = imread('字母.bmp'); % 读取图像
%% 制作视频
mov = avifile('Video.avi','fps',2); % 创建视频文件 Video.avi,设帧率为 2fps
for i = 1:26 % 设定循环,26 个字母连续显示 26 次
    threshold = 1-(i*8-7)/256; % 设定灰度阈值
    bw = im2bw(image,threshold); % 根据阈值对原始图像进行二值化处理
    F = im2frame(bw); % 直接将图像转化为 frame
    mov = addframe(mov,F); % 存储图像至视频文件
end % 循环结束
mov = close(mov); % 关闭视频文件
```

9.3.3　对径受压圆盘加载过程的动画显示

利用上面的知识，可以对圆盘加载过程中 x 方向的应力变化实现动画显示。给定圆盘的加载过程为从 0.05 N 至 1 N，载荷步长为 0.05 N。

在弹性范围内，对圆盘进行连续加载，应力与载荷成正比，因而只需将初始载荷下计算得到的应力场乘以相应的载荷倍数，即可实现连续加载。

具体程序如下：

```
>>> mov = avifile('bra_Video.avi','fps',10);
% 创建视频文件 Video.avi,设帧率为 10fps
h = figure('color',[1 1 1]);

for i = 0.05:0.05:1 % 设定循环
    contourf(x,y,sigmax*i,500);caxis([-10e-3,0.003]);...
    axis equal;axis tight;colorbar;shading flat;
    F = getframe(h);% 采集当前坐标轴内的图像
    mov = addframe(mov,F); % 存储图像至视频文件
end % 循环结束
mov = close(mov); % 关闭视频文件
```

结果如图 9-11 所示。

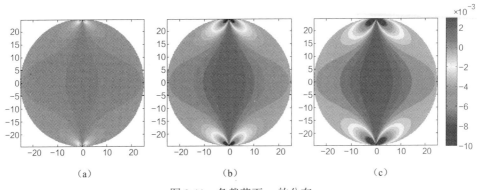

图 9-11　各载荷下 σ_x 的分布

（a）0.1 N；（b）0.5 N；（c）1.0 N

第 10 章

编写一个简单的有限元程序

本章以一个简单的弹性力学问题——求解受均布载荷作用悬臂梁的应力分布为例,简单说明如何应用 MATLAB 编写有限元程序,完成力学计算分析。

10.1 用有限元求解问题的思路和步骤

10.1.1 总体思路

弹性力学的微分方程(组)是建立在一个连续的求解域上的,用有限元求解问题时,需要将求解域离散为有限个部分(图 10-1)。离散后的每个小部分称为单元;每个单元由若干个节点连接而成;节点的位移构成单元的自由度;单元内的变形由节点位移通过一些假定的基函数来表达,这些基函数称为单元的形函数。

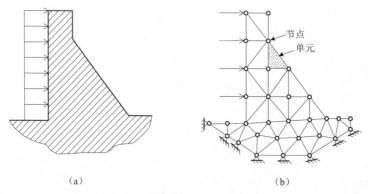

（a）　　　　　　　　　　　　（b）

图 10-1　连续体离散过程示意图

根据有限元的理论,模型离散化后,以所有节点的位移为未知量,用能量最小原理最终可将离散模型问题转化为求解一个线性方程组:

$$Ke = F \tag{10-1}$$

其中,K 为有限元模型的总刚度矩阵;F 为节点载荷向量;e 为节点位移向量,是需要从方程中求解的。在求解出 e 后,可进一步得出应变和应力等。

10.1.2　求解步骤

以一个简单的弹性力学问题为例来说明求解步骤。如图 10-2 所示的平面悬臂梁模型，左端为固定端，上部受均布载荷 q 作用。求解 x 方向的正应力。

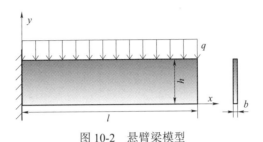

图 10-2　悬臂梁模型

有限元的具体实施过程如下。

（1）单元划分

将模型划分为若干个单元。本例中选用平面四节点矩形单元，将模型划分为 4 个单元，并给单元和节点编号，如图 10-3 所示。

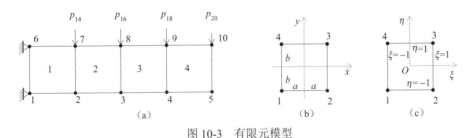

图 10-3　有限元模型

（a）单元划分；（b）直角坐标系下单元示意；（c）正则坐标系下单元示意

平面四节点矩形单元的每个节点有 2 个自由度，因此该模型共有 20 个自由度。位移向量 e 和节点载荷向量 F 的维度为 20×1，总刚度矩阵 K 的维度为 20×20。

（2）确定位移向量和节点载荷向量

根据物理模型写出位移向量 e 和节点载荷向量 F。对于本例，可知节点位移向量为

$$e=[e_1\ e_2\ \cdots\ e_{20}]^{\mathrm{T}} \tag{10-2}$$

由于节点 1 和 6 固定，可确定 e_1、e_2、e_{11}、e_{12} 为 0，其他自由度未知，需要求解。节点载荷向量为

$$F=[p_1\ p_2\ \cdots\ p_{20}]^{\mathrm{T}} \tag{10-3}$$

其中，p_1、p_2、p_{11}、p_{12} 未知。剩余的分量中，$p_{20}=aq$，$p_{14}=p_{16}=p_{18}=2aq$，其他为 0。

（3）求解单元刚度矩阵 k_e

平面四节点矩形单元有 4 个节点，8 个自由度，因此 k_e 的维度为 8×8。根据有限元理论可知

$$k_e = \iint_A B^{\mathrm{T}} D B h \mathrm{d}x \mathrm{d}y \tag{10-4}$$

其中

$$\boldsymbol{B} = [\boldsymbol{B}_i \quad \boldsymbol{B}_j \quad \boldsymbol{B}_l \quad \boldsymbol{B}_m] \tag{10-5}$$

$$\boldsymbol{B}_i = \frac{1}{4ab}\begin{bmatrix} b\xi_i(1+\eta_i\eta) & 0 \\ 0 & a\eta_i(1+\xi_i\xi) \\ a\eta_i(1+\xi_i\xi) & b\xi_i(1+\eta_i\eta) \end{bmatrix} \quad (i=i,j,l,m) \tag{10-6}$$

其中

$$\xi = \frac{x}{a}, \eta = \frac{y}{b} \tag{10-7}$$

为单元的局部坐标；

$$\xi_i = \frac{x_i}{a}, \eta_i = \frac{y_i}{b} \quad (i=i,j,l,m) \tag{10-8}$$

为节点 i 在局部坐标系的坐标值。

对于平面应力问题

$$\boldsymbol{D} = \frac{E}{1-\mu^2}\begin{bmatrix} 1 & \mu & 0 \\ \mu & 1 & 0 \\ 0 & 0 & \dfrac{1-\mu}{2} \end{bmatrix} \tag{10-9}$$

对于本例中的平面 4 节点单元，最终 $\boldsymbol{k}_e$ 可表示为

$$\boldsymbol{k}_e = \begin{bmatrix} \boldsymbol{k}_{11} & \boldsymbol{k}_{12} & \boldsymbol{k}_{13} & \boldsymbol{k}_{14} \\ \boldsymbol{k}_{21} & \boldsymbol{k}_{22} & \boldsymbol{k}_{23} & \boldsymbol{k}_{24} \\ \boldsymbol{k}_{31} & \boldsymbol{k}_{32} & \boldsymbol{k}_{33} & \boldsymbol{k}_{34} \\ \boldsymbol{k}_{41} & \boldsymbol{k}_{42} & \boldsymbol{k}_{42} & \boldsymbol{k}_{44} \end{bmatrix}_e \tag{10-10}$$

其中，$\boldsymbol{k}_{ij}$ 是 2×2 的矩阵，具体形式为

$$\boldsymbol{k}_{ij} = \frac{Eh}{4(1-\mu^2)} \times$$

$$\begin{bmatrix} \dfrac{a}{b}\left(1+\dfrac{1}{3}\eta_i\eta_j\right)\xi_i\xi_j + \dfrac{1-\mu}{2}\dfrac{a}{b}\left(1+\dfrac{1}{3}\xi_i\xi_j\right)\eta_i\eta_j & v\xi_i\eta_j + \dfrac{1-\mu}{2}\eta_i\xi_j \\ v\eta_i\xi_j + \dfrac{1-\mu}{2}\xi_i\eta_j & \dfrac{b}{a}\left(1+\dfrac{1}{3}\xi_i\xi_j\right)\eta_i\eta_j + \dfrac{1-\mu}{2}\dfrac{b}{a}\left(1+\dfrac{1}{3}\eta_i\eta_j\right)\xi_i\xi_j \end{bmatrix}$$

$$(i,j=1,2,3,4)$$

$$\tag{10-11}$$

（4）组装总体刚度矩阵 $\boldsymbol{K}$

根据有限元理论，刚度矩阵中的元素表示当节点发生单位位移时引起的节点力。在单刚 $\boldsymbol{k}_e$ 中，$\boldsymbol{k}_{ij}$ 表示 j 节点发生单位位移且其他节点位移为零时，单元在 i 节点引起的节点力。类似地，在总刚 $\boldsymbol{K}$ 中，$\boldsymbol{k}_{ij}$ 表示 j 节点发生单位位移且其他节点位移为零时，整体结构在 i 节点引起的节点力。由于结构已经被离散为若干个单元，该节点力为所有与 i、j 节点相关的单元在 i 节点引起的节点力之和。因此，总刚是由单刚按一定规则组装起来的。

根据有限元总刚组装规则，对前述问题的总刚进行计算。

已知总刚度矩阵 K 的维度是 20×20，将其分成 10×10 的分块矩阵，每个分块矩阵为 2×2，下面所有的操作均为对分块矩阵的操作。

首先组装单元 1，此时的总刚度矩阵所有元素均为 0。单元 1 的刚度矩阵为 k_1。单元 1 中 4 个节点依次对应整体模型的编号是 1、2、7、6（按逆时针顺序）。将 k_1 中分块矩阵的下标 1、2、3、4 依次用 1、2、7、6 代替，并叠加到 K 矩阵的对应标号的分块矩阵上。单元 1 组装完成后，再对单元 2 进行组装。前两个单元组装完成后的 K 如图 10-4 所示。

	1	2	3	4	5	6	7	8	9	10
1	k_1^{11}	k_1^{12}				k_1^{14}	k_1^{13}			
2	k_1^{21}	k_1^{22} $+$ k_2^{11}	k_2^{12}			k_1^{24}	k_1^{23} $+$ k_2^{14}	k_2^{13}		
3		k_2^{21}	k_2^{22}				k_2^{24}	k_2^{23}		
4										
5										
6	k_1^{41}	k_1^{42}				k_1^{44}	k_1^{43}			
7	k_1^{31}	k_1^{32} $+$ k_2^{41}	k_2^{42}			k_1^{34}	k_1^{33} $+$ k_2^{44}	k_2^{43}		
8		k_2^{31}	k_2^{43}				k_2^{34}	k_2^{33}		
9										
10										

图 10-4　组装了两步的总刚

依次对所有单元完成组装，得到的 K 如图 10-5 所示。

（5）求解方程

组装完成后的 K 不是一个满秩矩阵，若不做处理，方程（10-1）没有唯一解。因此，在求解之前，需要将已知边界条件引入，以使 K 满秩。对于本问题，具体做法是：将 K 矩阵的第 1、2、9、10 行和列去掉，同时将 e、F 向量的第 1、2、9、10 行去掉，组成一个新的线性方程组

$$K'e' = F' \tag{10-12}$$

进行求解。线性方程组求解可用数值分析中的各种算法完成。

（6）后处理

后处理主要包括求应力、应变及画图显示结果等。记任一单元 8 个自由度的位移向量为 δ^e，则单元内任意一点的应变为

$$\varepsilon = \begin{bmatrix} \varepsilon_x \\ \varepsilon_y \\ \gamma_{xy} \end{bmatrix} = B\delta^e \tag{10-13}$$

	1	2	3	4	5	6	7	8	9	10
1	k_1^{11}	k_1^{12}				k_1^{14}	k_1^{13}			
2	k_1^{21}	$k_1^{22}+k_2^{11}$	k_2^{12}			k_1^{24}	$k_1^{23}+k_2^{14}$	k_2^{13}		
3		k_2^{21}	$k_2^{22}+k_3^{11}$	k_3^{12}			k_2^{24}	$k_2^{23}+k_3^{14}$	k_3^{13}	
4			k_3^{21}	$k_3^{22}+k_4^{11}$	k_4^{12}			k_3^{24}	$k_3^{23}+k_4^{14}$	k_4^{13}
5				k_4^{21}	k_4^{22}				k_4^{24}	k_4^{23}
6	k_1^{41}	k_1^{42}				k_1^{44}	k_1^{43}			
7	k_1^{31}	$k_1^{32}+k_2^{41}$	k_2^{42}			k_1^{34}	$k_1^{33}+k_2^{44}$	k_2^{43}		
8		k_2^{31}	$k_2^{32}+k_3^{41}$	k_3^{42}			k_2^{34}	$k_2^{33}+k_3^{44}$	k_3^{43}	
9			k_3^{31}	$k_3^{32}+k_4^{41}$	k_4^{42}			k_3^{34}	$k_3^{33}+k_4^{44}$	k_4^{43}
10				k_4^{31}	k_4^{41}				k_4^{34}	k_4^{33}

图 10-5　总刚 K

单元内任意一点的应力为

$$\sigma = \begin{bmatrix} \sigma_x \\ \sigma_y \\ \tau_{xy} \end{bmatrix} = DB\delta^e = S\delta^e \qquad (10\text{-}14)$$

10.2　用 MATLAB 编写简单有限元程序

10.2.1　流程

　　根据上一节介绍的有限元的思路和步骤，可设计用 MATLAB 编制有限程序的步骤如图 10-6 所示。具体实现过程为：首先输入模型参数，包括材料参数、外载荷，以及各单元的节点坐标及其在整体模型中的编号；然后依次计算各单元的单刚矩阵，并组合到总刚矩阵里；最后进行求解。

10.2.2　算例实现

　　已知有一受均布载荷的悬臂梁，给定参数：$l=8$ m，$h=2$ m，$b=0.2$ m，$E=3$ GPa，$\mu=0.3$，$q=-1$ kN/m。编写有限元程序对问题进行分析。

图 10-6　有限元程序的编写流程

（1）程序

先针对简单问题进行编程。假设将模型划分为 4 个单元。程序为：

```
%%================================================================%
%% 文件名:FEM4element.m
%% 功能:实现四边形单元计算受均布载荷悬臂梁
%% 用到子函数 cal_K_e()和 cal_K()
%%================================================================%
clc
clear all
%% material parameters
E = 3E9; %弹性模量
nu = 0.3; %泊松比
b = 0.2; %梁厚
q = 1000; %均布载荷的大小
n_no = 10; %节点个数
Ne = 4; %单元个数
ele = [1 2 7 6; 2 3 8 7; 3 4 9 8; 4 5 10 9]; %每个单元的节点编号
x = [0 2 4 6 8 0 2 4 6 8]'; %每个节点的x坐标
y = [0 0 0 0 0 2 2 2 2 2]'; %每个节点的y坐标
%% load
F0 = zeros(2*n_no,1);
F0([14 16 18]) = 2000;
F0(20) = 1000;
F0([1 2 11 12]) = nan;
index = find(~isnan(F0));
%% displacment
e0 = zeros(2*n_no,1);
e0(index) = nan;
K = zeros(2*n_no,2*n_no);
for i = 1:Ne
    k = cal_K_e(b,x(ele(i,:)),y(ele(i,:)), E, nu);%% 单刚
    K = K + cal_K(n_no, ele(i,:), k); %% 总刚
end

%% 求解
e0(index) = K(index,index)\F0(index);
F = K*e0;

D1 = E/(1-nu*nu)*[1 nu 0; nu 1 0; 0 0 (1-nu)/2];
```

```
B = 1/4*[-1 0 1 0 1 0 -1 0; 0 -1 0 -1 0 1 0 1; -1 -1 -1 1 1 1 1 -1];
%% stress strain
strain = B*e0([ele(:,1)*2-1 ele(:,1)*2 ele(:,2)*2-1 ele(:,2)*2 ...
    ele(:,3)*2-1 ele(:,3)*2 ele(:,4)*2-1 ele(:,4)*2])';
stress = D1*B*e0([ele(:,1)*2-1 ele(:,1)*2 ele(:,2)*2-1 ele(:,2)*2 ...
ele(:,3)*2-1 ele(:,3)*2 ele(:,4)*2-1 ele(:,4)*2])';


%=================================================================%
%% 文件名:cal_K_e.m
%% 功能：计算单个单元的刚度矩阵
%=================================================================%
function k = cal_K_e(h,x,y, E, nu)
k = zeros(8,8);
a = (x(2)-x(1))/2;
b = (y(3)-y(1))/2;
l_x = [-1 1 1 -1];
l_y = [-1 -1 1 1];

for i = 1:4
   for j = 1:4
       k(2*i-1:2*i,2*j-1:2*j) = [b/a*(1+1/3*l_y(i)*l_y(j))*l_x(i)* l_x(j) +...
           a/b*(1-nu)/2*(1+l_x(i)*l_x(j)/3)*l_y(i)*l_y(j),nu*l_x(i)*l_y(j)...
           +(1-nu)/2*l_y(i)*l_x(j);nu*l_y(i)*l_x(j)+(1-nu)/2*l_x(i)*l_y(j),...
           a/b*(1+1/3*l_x(i)*l_x(j))*l_y(i)*l_y(j) +...
           b/a*(1-nu)/2*(1+l_y(i)*l_y(j)/3)*l_x(i)*l_x(j)];
   end
end

k = h*E/(4*(1-nu^2))*k;
end



%=================================================================%
%% 文件名:cal_K.m
%% 功能:实现各个单元刚度矩阵的组装
%=================================================================%
%
function K = cal_K(n_no,ele,k)
K = zeros(2*n_no,2*n_no);
```

```
DOF = [2*ele(1)-1:2*ele(1), 2*ele(2)-1:2*ele(2), 2*ele(3)-1:2*ele(3), 2*ele(4)-1:2*ele(4)];
    for n1 = 1:8
        for n2 = 1:8
            K(DOF(n1),DOF(n2)) = K(DOF(n1),DOF(n2))+k(n1,n2);
        end
    end
end
%%
```

其中 cal_K_e( )为计算单刚的函数，计算结果如下。

```
k=
1.0e+005*
  2.9670   1.0714  -1.8132  -0.0824  -1.4835 -1.0714   0.3297  0.0824
  1.0714   2.9670   0.0824   0.3297  -1.0714 -1.4835  -0.0824 -1.8132
 -1.8132   0.0824   2.9670  -1.0714   0.3297 -0.0824  -1.4835  1.0714
 -0.0824   0.3297  -1.0714   2.9670   0.0824 -1.8132   1.0714 -1.4835
 -1.4835  -1.0714   0.3297   0.0824   2.9670  1.0714  -1.8132 -0.0824
 -1.0714  -1.4835  -0.0824  -1.8132   1.0714  2.9670   0.0824  0.3297
  0.3297  -0.0824  -1.4835   1.0714  -1.8132  0.0824   2.9670 -1.0714
  0.0824  -1.8132   1.0714  -1.4835  -0.0824  0.3297  -1.0714  2.9670
```

cal_K( ) 为计算总刚的函数，计算结果如下。

```
k=
1.0e+003*
  297  107 -181   -8    0    0    0    0    0    0   33    8 -148 -107    0    0    0    0    0    0
  107  297    8   33    0    0    0    0    0    0   -8 -181 -107 -148    0    0    0    0    0    0
 -181    8  593    0 -181   -8    0    0    0    0 -148  107   66    0 -148 -107    0    0    0    0
   -8   33    0  593    8   33    0    0    0    0  107 -148    0 -363 -107 -148    0    0    0    0
    0    0 -181    8  593    0 -181   -8    0    0 -148  107   66    0 -148 -107    0    0    0    0
    0    0   -8   33    0  593    8   33    0    0  107 -148    0 -363 -107 -148    0    0    0    0
    0    0    0    0 -181    8  593 -181   -8    0    0 -148  107   66    0 -148 -107    0    0    0
    0    0    0    0   -8   33 -107  593    8   33    0  107 -148    0 -363 -107 -148    0    0    0
    0    0    0    0    0    0 -181    8  297 -107    0    0    0    0 -148  107   33   -8    0    0
    0    0    0    0    0    0   -8   33 -107  297    0    0    0    0  107 -148    8 -181    0    0
   33   -8 -148  107    0    0    0    0    0    0  297 -107 -181    8    0    0    0    0    0    0
    8 -181  107 -148    0    0    0    0    0    0 -107  297   -8   33    0    0    0    0    0    0
 -148 -107   66    0 -148  107    0    0    0    0 -181   -8  593    0 -181    8    0    0    0    0
 -107 -148    0 -363  107 -148    0    0    0    0    8   33    0  593   -8   33    0    0    0    0
    0    0 -148 -107   66    0 -148  107    0    0    0    0 -181   -8  593    0 -181    8    0    0
    0    0 -107 -148    0 -363  107 -148    0    0    0    0    8   33    0  593   -8   33    0    0
    0    0    0    0 -148 -107   66    0 -148  107    0    0    0    0 -181   -8  593    0 -181    8
    0    0    0    0 -107 -148    0 -363  107 -148    0    0    0    0    8   33    0  593   -8   33
    0    0    0    0    0    0 -148 -107   33    8    0    0    0    0 -181   -8  297  107
    0    0    0    0    0    0 -107 -148   -8 -181    0    0    0    0    8   33  107  297
```

最终计算获得的位移和节点载荷结果如下。

```
        e0=                              F=
        1.0e-003*                       -16.0000
```

```
                                          -3.6484
                        0                 -0.0000
                        0                 -0.0000
                   0.0840                 -0.0000
                   0.1136                 -0.0000
                   0.1272                       0
                   0.3478                       0
                   0.1436                 -0.0000
                   0.6338                 -0.0000
                   0.1465                 16.0000
                   0.9313                 -3.3516
                        0                 -0.0000
                        0                  2.0000
                  -0.0846                 -0.0000
                   0.1156                  2.0000
                  -0.1289                  0.0000
                   0.3494                  2.0000
                  -0.1462                 -0.0000
                   0.6354                  1.0000
                  -0.1501
                   0.9330
```

获得位移向量 e_0 后，可以计算获得单元的应力、应变，结果如下。

```
 strain=
 1.0e-004*                     stress=
-0.0015 -0.0027 -0.0025-0.0025   -0.0000  0.0000 -0.0000 -0.0000
 0.0049  0.0089  0.0082 0.0083    1.4678  2.6798  2.4688  2.5045
 0.1517  0.1083  0.0650 0.0217   17.5000 12.5000  7.5000  2.5000
```

（2）结果分析

根据弹性力学知识，悬臂梁的应力解为

$$\sigma_x = \frac{q}{bh^3}\left[4\left(\frac{h}{2}-y\right)^3 + 6(l-x)^2\left(\frac{h}{2}-y\right) - \frac{3}{5}h^2\left(\frac{h}{2}-y\right)\right] \tag{10-15}$$

与解析解相比，前述程序的计算结果显得很粗糙，这是因为计算中采用的单元太少，对问题离散得不够。将有限元模型中的单元进一步细化，使单元达到 1 600 个（单元大小为 0.1 m×0.1 m）。用新的程序计算，所得数值解比较光滑，也更接近于解析解，如图 10-7 所示。

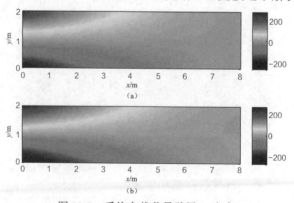

图 10-7　受均布载荷悬臂梁 σ_x 应力

（a）有限元解；（b）理论解

第 **11** 章

用 PDE Toolbox 进行有限元计算

如前所述,有限元是力学中用来求解偏微分方程(组)的数值方法。针对偏微分方程(组)求解,MATLAB 中还专门提供了工具箱,即偏微分方程组工具箱(PDE Toolbox)。PDE Toolbox 针对一般形式的偏微分方程(组)求解而设计,除了能够求解弹性力学的基本方程外,还可求解电磁场、热传导等其他问题,因此具有广泛的应用。

11.1 偏微分方程的基本概念

根据偏微分方程的形式,可将方程分为三类,即双曲型、抛物线型和椭圆型方程。偏微分方程需要给定边界条件和初始条件才能成为定解问题。

11.1.1 三类偏微分方程

三类偏微分方程分别为:

双曲型: $\qquad\qquad\qquad\qquad du_{tt} + au = c\nabla^2 u + f$

抛物线型: $\qquad\qquad\qquad du_t + au = c\nabla^2 u + f$

椭圆型: $\qquad\qquad\qquad\qquad au = c\nabla^2 u + f$

其中, u_{tt}, u_t, $\nabla^2 u$ 分别为 $\dfrac{\partial^2 u}{\partial t^2}$, $\dfrac{\partial u}{\partial t}$ 和 $\dfrac{\partial^2 u}{\partial x^2} + \dfrac{\partial^2 u}{\partial y^2}$。

从上面的方程表达式中不难看出,椭圆型方程与抛物线型方程的区别仅在于前者忽略了时间对物理常量变化的影响,从某种意义上说,椭圆型方程是抛物线型方程在稳态情况下的特例。

当系数 a、c 及零次项 f 与物理场量 u 有关时,称方程为非线性方程(Nonlinear);当系数 a、c、f 为常数时,称为线性方程(Linear)。当 f 不等于 0 时,称为非齐次方程;当 f 等于 0 时,称为齐次方程。

11.1.2 偏微分方程的 3 种边界条件

偏微分方程的边界条件在数学物理方法研究中分为以下 3 类。

（1）Dirichlet 边界条件

Dirichlet 边界条件直接给定边界上物理量的值，又称第一类边界条件。该类边界条件在 MATLAB 中表示为

$$h*u=r$$

其中，系数 h 和右端项 r 是边界上定义的函数常量。譬如，对于热钢块在恒温环境中的热传导问题，钢块表面的温度边界条件为 $u=T$，则在 MATLAB 中需设定 $h=1$、$r=T$。在这类边界条件中，系数 r 和物理量 u 的量纲是一致的。

（2）Neumann 边界条件

给定边界上物理量的法向导数值 $\boldsymbol{n} \cdot (c \otimes \nabla \boldsymbol{u})$，又称第二类边界条件。在 MATLAB 中表示为

$$n*c*grad(u) = g$$

其中，$\boldsymbol{n}$ 为边界外法向单位矢量；c 和 g 是定义在边界上的函数常量，在不同的实际问题中，它们都有具体的物理意义。以杆的受力问题为例。当一个横截面为 A 的杆受外力 $F(t)$ 作用时，根据胡克定律可以给出如下边界条件。

受力端：

$$E\frac{\partial u}{\partial x} = \frac{F(t)}{A}$$

自由端：

$$E\frac{\partial u}{\partial x} = 0$$

则在 MATLAB 中设定 $c=E$，$g = F/A$ 或 $g = 0$ 即可。显然，这里的系数 c 和右端项 g 分别表示弹性模量 E 和面力 p。

再以热传导问题为例，通常可以给定如下边界条件：

$$-k\frac{\partial u}{\partial x} = q(t)$$

仿照前面的例子，在 MATLAB 中对系数项设定相应的值即可。这里的 c 和 g 分别表示导热系数 k 和热流密度 q。如果 $g = 0$，则表示绝热过程。

（3）Generalized Neumann 边界条件

在边界上的某一部分直接给定物理量的值，在另一部分则给定物理量法向导数的值，又称为第三类边界条件。在 MATLAB 中表示为

$$n*c*grad(u)+q*u=g$$

显然，当 $q=0$ 时，上式为 Neumann 边界条件；当 $c=0$ 时，则为 Dirichlet 边界条件。

MATLAB 中实际上只有两类边界条件，即 Neumann 边界条件和 Dirichlet 边界条件。MATLAB 将 Neumann 边界条件和广义 Neumann 边界条件统一在一起了。

11.2 PDE Toolbox 求解的基本过程

首先，启动偏微分方程工具箱。在 MATLAB 主程序的命令窗口中输入

```
>>pdetool
```

则弹出一个偏微分方程工具箱的窗口操作界面，如图 11-1 所示。

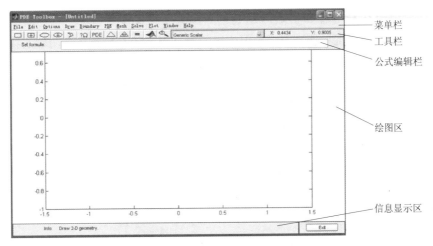

图 11-1　PDE Toolbox 操作界面

窗口的中间区域是作图与显示区，设定求解区域、给定边界条件、划分网格及结果显示，都是在这个区域内完成的。

11.2.1　窗口操作界面简介

本部分重点介绍窗口第二行"工具栏"里的按钮。对于一些简单的问题，依次单击这些按钮并完成相应的设置就可以了。

　这 5 个按钮是用来画不同形状的求解区域的；用来设定边界条件；PDE 可以指定求解方程的类型；可完成求解区域的网格剖分。网格剖分两个按钮中的前一个是用来画粗网格的，后一个是用来进行网格细化的（网格细化有助于提高求解精度，但过于细密的网格会导致计算时间的增加，同时也可能导致求解精度下降）。

在设置完边界条件并进行网格剖分后，就可以用进行偏微分方程的求解。最后，可以用把结果显示出来，对于感兴趣的局部，还可用进行图像的放大。

在"工具栏"系列按钮的右端有一个下拉菜单（图 11-2），其中包含偏微分方程工具箱中预先设定的几种常用物理问题的方程类型，分别为一般标量场方程、一般方程组、结构力学平面应力问题、结构力学平面应变问题、电场方程、磁场方程、交流电磁场方程、直流

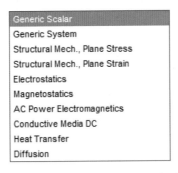

图 11-2　常用物理问题的方程类型

导电介质问题、热传导方程和扩散问题等。先选择下拉菜单中任意一个物理方程（不包括前面两个），再单击 PDE 按钮，可以发现弹出的对话框里的参数都具有明确的物理意义了，如图 11-3 所示。

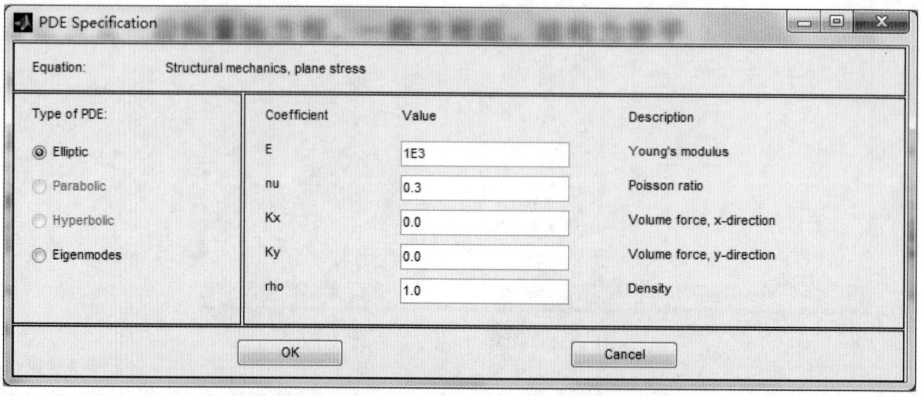

图 11-3　结构力学平面应力问题对应的参数设置

11.2.2　求解的基本步骤

本部分介绍用偏微分方程工具箱求解问题的基本步骤。在应用偏微分方程工具箱的过程中，首先需要给定一个偏微分方程定解问题（Draw、Boundary、PDE），然后对区域进行有限元网格剖分（Mesh），之后进行求解（Solve），最后将计算结果显示在绘图区（Plot）。下面简要介绍其具体步骤。

（1）Draw——画求解区域

应用前面介绍的 5 个按钮可以完成简单区域图形的绘制。依次是从边界点画矩形、从中心点画矩形、从边界点画椭圆形、从中心点画椭圆形和画多边形。

复杂求解区域可以用布朗运算由简单图形组合而成。例如，用窗口第二行工具栏中简单的矩形 A、圆形 B 或椭圆形 C 画好复杂求解区域的轮廓后（此时 ABC 还仅是各自独立的求解区域），在公式编辑栏（set formula）用加法和减法进行布朗运算，就可以得到想要的复杂求解区域了。例如，A＋B 就是图形间取并集（即 A 和 B 共同组成求解域），A－（B＋C）就是图形间取差集（即从 A 中挖去与 B 和 C 有重叠的部分，如图 11-4 所示）。

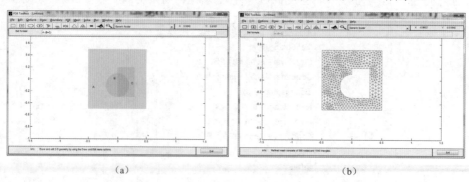

(a)　　　　(b)

图 11-4　复杂求解区域的绘制（为使区域显示效果更明显，对区域进行了网格剖分）

在菜单栏中的"Options"里有些小技巧可以帮助用户更好地完成求解区域的绘制。选择/取消选择"Grid"可以显示/隐藏背景网格线，结合"Snap"应用可以让画出的求解区域边界和网格线重合，这样就可以精确设定求解区域；"Grid spacing"用来设置网格线的间距。通过修改"Axes Limits"中 x 轴和 y 轴的区间上限和下限，可以改变绘图区的尺寸。"Axes Equal"可以快速设置一个正方形的绘图区域。

（2）Boundary——设置边界条件

选择"Boundary Mode"进入边界条件模块，此时求解区域由灰色显示成边框为红色和黑色的线条（设置时，不同颜色表示不同的意义，红色代表 Dirichlet 边界条件，蓝色表示 Neumann 边界条件，黑色表示正在编辑的边界）。用鼠标左键双击边界，在弹出的对话框里填写相应的数值，这样就完成了边界条件的设置。

偏微分方程工具箱在给定求解区域后，每一条边界默认为 Dirichlet 边界条件（第一次从 Draw Mode 转向 Boundary Mode 时，所有边界均为红色），且边界上的物理场量为 0。

（3）PDE——设定求解问题类型

建议应用 PDE Mode 时，根据要分析的问题，先在工具栏右侧的下拉菜单中选择相应的问题类型，这样可以更加便捷地设置方程系数。PDE Mode 中的 Type of PDE 就是供选择偏微分方程类型的。除了前述 3 种偏微分方程类型，MATLAB 的 PDE Toolbox 还提供了另外一种类型的偏微分方程，即本征值方程（Eigenmodes），此类方程多用于薄膜和结构力学中的固有振动分析。

（4）Mesh——划分网格

MATLAB 偏微分方程工具箱应用的是最简单的三角形网格单元。网格划分得越细，离散系统越接近连续系统，问题的描述越准确，其结果应该越准确；但从计算角度看，网格越细，离散系统的自由度越多，由于误差积累而导致的求解误差越大，所需的计算量也会增大。因此，有限元网格的划分不是随意的，要得到理想的计算结果，需要选择合适的网格。一般来说，在求解区域应力、应变比较均匀的地方，网格可大一些；而在应力、应变非均匀的地方，网格需要小一些。

PDE Toolbox 中有自动划分网格功能，并且具有一定的智能化加密功能，如图 11-5 所示。

（5）Solve——求解

先对菜单栏中"Solve"下面的"Parameters"做一些解释说明，不同的方程类型对应不同的参数设置。

对于椭圆型方程（Elliptic）而言，单击"Solve"下的"Parameters"会弹出图 11-6 所示的对话框。一般地，求解椭圆型方程不需要设置求解参数，采用默认值即可。另外，偏微分方程工具箱还提供了自适应求解模式（Adaptive mode）和非线性求解器（Use nonlinear solver）。

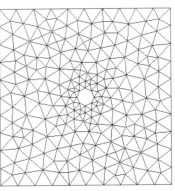

图 11-5　网格划分的智能加密

对于双曲型（Hyperbolic）和抛物线型（Parabolic）方程而言，弹出的"Solve Parameters"对话框如图 11-7 所示。其中默认的参数：Time 取值 0:10，表示求解时间为 0～10 s；u(t0) 取值 0.0，表示物理量 u 的初值为 0；u'(t0)取值 0.0，表示物理量 u 对时间的一阶导数的初值为 0（对于波动或振动问题，u(t0)=0.0 和 u′(t0)=0.0 表示初始时刻位移和速度都等于 0）；
Relative tolerance 取值 0.01，表示相对误差为 0.01；Absolute tolerance 取值 0.001，表示绝对
误差为 0.001。

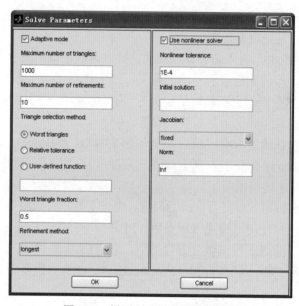

图 11-6　椭圆型方程求解参数设置

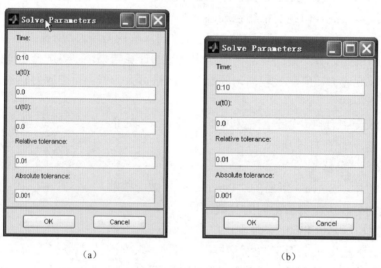

（a）　　　　　　　　　　　　　　　　（b）

图 11-7　双曲型和抛物线型方程求解参数的设置

（a）双曲型；（b）抛物线型

（6）Plot——结果可视化

单击 ![按钮] 按钮或者从菜单栏中选择"Plot"→"Parameters"，都可以弹出如图 11-8 所示
的对话框。

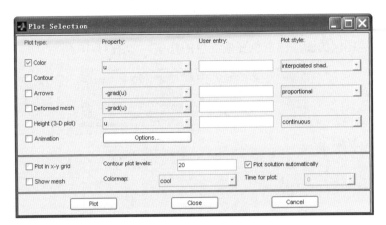

图 11-8 结构可视化参数的选择

在对话框中选取图形种类（Plot type）和属性（Property）等参数，可以实现对物理量 u 及其函数 $f(u)$ 的各种图形显示，譬如色阶图（Color）、等值线图（Contour）和向量图（Arrows）等。

11.3 实例——用 PDE Toolbox 求解平面应力问题

上一节介绍了应用偏微分方程工具箱求解的基本步骤，下面结合具体的力学问题进行实例演示。

11.3.1 受均布载荷的悬臂梁问题

首先进行一个简单问题的求解。仍以第 10 章中受均布载荷的悬臂梁问题为例进行分析。

悬臂梁长 8 m，宽 2 m，左端固定，上端受均布压力载荷 q=1 kN/m，悬臂梁另外两边为自由边。材料弹性模量 E=3 GPa，泊松比 ν=0.3，分析悬臂梁的位移场和应力场。

（1）建模

启动 PDE Toolbox 后，单击工具栏中的 □ 按钮，在绘图区画一个矩形 R1，用鼠标左键双击矩形，在弹出的对话框中填入图 11-9 中所示的数字，生成如图 11-10 所示的求解区域。

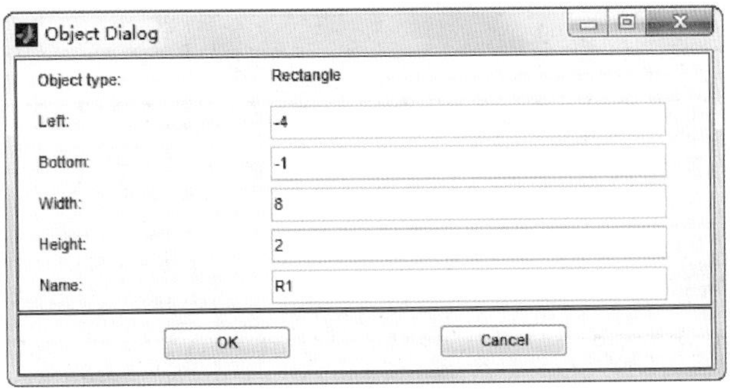

图 11-9 几何模型参数的设置

>>>>

　　先在工具栏右侧的下拉菜单中选择"Structural Mech"→"Plane Stress"，再单击工具栏中的 □Ω 按钮，绘图区的图形由灰色变成红色的线条，如图 11-10 所示。

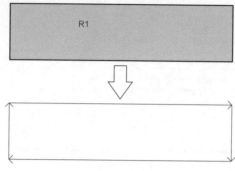

图 11-10　求解区域

　　双击红色的边界线，会弹出如图 11-11 所示对话框，设置边界条件。上端边界：在"Condtion type"复选框中选择"Neumann"，"g2"改为"−1000"，其余均为默认值；下端边界和右端边界：在"Condtion type"复选框中选择"Neumann"，保持默认值；左端边界：在"Condtion type"复选框中选择"Dirichlet"，保持默认值。

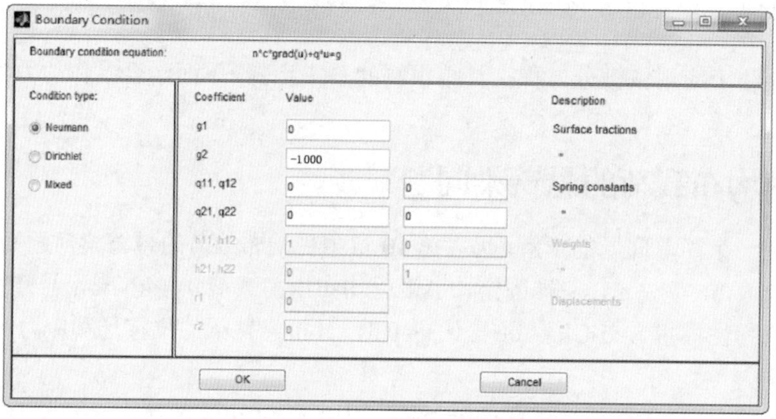

图 11-11　边界条件设置

　　单击工具栏中的 PDE 按钮，在弹出的对话框中完成如图 11-12 所示的设置。

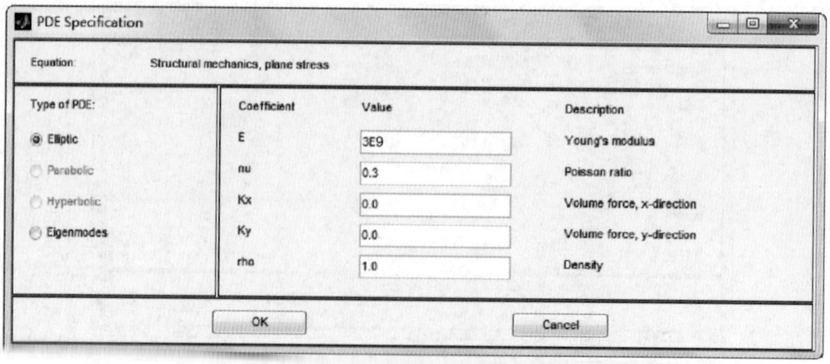

图 11-12　材料参数的设置

依次单击工具栏中的 △ 按钮一次和 △ 按钮两次，完成求解区域的网格剖分。结果如图 11-13 所示。

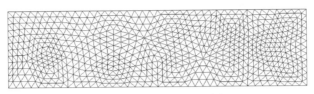

图 11-13　网格的自动划分

（2）求解和画图

单击工具栏中的 = 按钮，开始解偏微分方程。

单击工具栏中的 🖼 按钮，在弹出的对话框中，"Plot type"选择"Color"；"Colormap"选择"jet"；"Property"选择"x stress"。单击"Plot"，则在绘图区给出如图 11-14 所示的 x 方向的应力 σ_x。

图 11-14　计算结果（σ_x）

11.3.2　含中心圆孔矩形板的拉伸问题

如图 11-15 所示，边长 $l=1$ m 的正方形薄板中心含直径为 0.1 m 的圆孔，板两对边受均布拉力载荷 $p=100$ MPa，另外两对边为自由边界。弹性模量 $E=210$ GPa，泊松比 $\nu=0.3$。求圆孔周围 A 点和 B 点的应力集中系数。

圆孔周围的应力集中系数是实际应力与名义应力 $\sigma=100$ MPa 的比值，因此，上述问题转化为求解正方形板在拉伸载荷作用下的应力场。

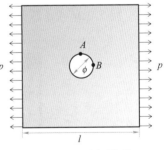

图 11-15　求解模型

（1）建模

在 Command Window 中输入"＞＞pdetool"，启动 PDE Toolbox。单击工具栏中的 □ 按钮，在绘图区画一个矩形 R1；同理，用 ⊕ 按钮画一个椭圆 E1。先后用鼠标左键双击矩形和椭圆，在弹出的对话框中填入图 11-16 中所示的数字，生成如图 11-17 所示的求解区域（这里也可以先设置 Grid spacing，再选用 Grid 和 Snap 来定位图形，划定求解区域）。

在"Set formula"一栏中将默认的 R1+E1 改为 R1–E1，完成含中心圆孔正方板的求解区域的划定，最后的求解区域如图 11-17 所示。

先在工具栏右侧的下拉菜单中选择"Structural Mech"→"Plane Stress"，再单击工具栏

中的 <u>□Ω</u> 按钮，绘图区的图形由灰色变成红色的线条（图 11-17）。

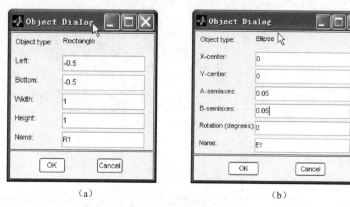

（a）   （b）

图 11-16   建立几何模型

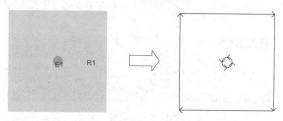

图 11-17   设定求解区域及边界条件

双击红色的边界线，会弹出如图 11-18 所示的对话框，在"Condtion type"复选框中均选择"Neumann"，线 1 的"g1"改为"–100"，线 2 的"g1"改为"100"，其余均为默认值。注意：线 5 包括 4 条线，需要分别设置其边界条件。

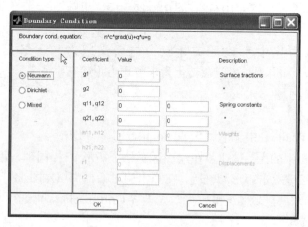

图 11-18   边界条件的设置

单击工具栏中的 <u>PDE</u> 按钮，在弹出的对话框中完成如图 11-19 所示的设置。

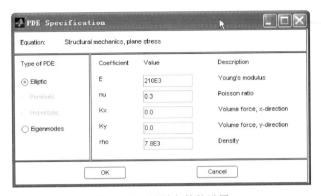

图 11-19　材料参数的设置

依次单击工具栏中的 △ △ 按钮，完成求解区域的网格剖分。结果如图 11-20 所示。

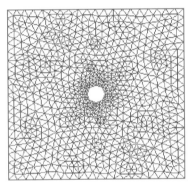

图 11-20　自动划分网格

（2）求解和画图

单击工具栏中的 = 按钮，开始解偏微分方程。

单击工具栏中的 按钮，在弹出的对话框中，"Plot type" 选择 "Color" 和 "Contour"；"Property" 依次选择 "x stress" 和 "y stress"。单击 "Plot"，则在绘图区给出如图 11-21 所示的 x 方向和 y 方向的应力。

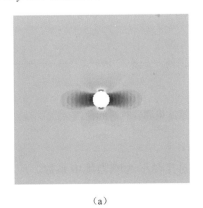
（a）

（b）

图 11-21　计算结果

（a）x 方向应力 σ_x；（b）y 方向应力 σ_y

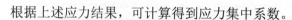

根据上述应力结果，可计算得到应力集中系数。

（3）分析与思考

1）网格疏密对计算结果和计算时间的影响

计算时间与节点数即网格的密度基本成正比。一般情况下，网格越密，计算结果越好。但前面已经论述过，这种关系并不总是成立的。表 11-1 和图 11-22 为不同网格密度时计算结果和计算时间的比较，从中可以看出：开始时，随着网格密度的增加，计算精度会有很大的提高，但当网格密度达到一定程度后再增加密度，计算精度反而会有所下降。因此，在进行有限元网格划分时，选择合适的网格密度不仅能有效节约计算时间，还能够在一定程度上保证计算精度。

表 11-1　不同网格密度时的计算结果和耗时

操作	网格信息		计算时间 /s	应力集中系数 k	
	Nodes	Triangles		x 方向	y 方向
1 次	864	1 632	0.052	2.28	−0.499
2 次	3 360	6 528	0.088	2.68	−0.769
3 次	13 248	26 112	0.532	2.89	−0.92
4 次	52 608	104 448	2.749	2.99	−0.99
5 次	209 664	417 792	13.848	3.04	−1.03

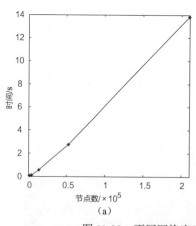
（a）

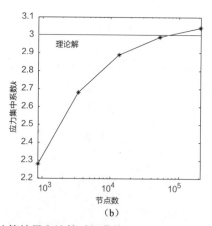
（b）

图 11-22　不同网格密度时计算结果和计算时间曲线

2）如何理解工程中"无限大"的概念

固定板的尺寸，变换圆孔的直径 ϕ，考察不同孔径下的应力集中系数。应力集中系数 k 随板长与圆孔直径比 l/ϕ 的变化曲线如图 11-23 所示（图中同时画出了含孔无限大板的理论应力集中系数，即 $k=3$ 的线）。从图中可见，当 l/ϕ 较小，即孔相对于板比较大时，k 与 3 有较大差距；随 l/ϕ 增大，k 逐渐减小并接近于 3；当 l/ϕ 较大时，k 几乎等于 3。

工程实际中并不存在无限大的结构，但有些问题（如上述问题当 r 很大时）可以等效为无限大结构问题，因此，弹性力学中一些无限大问题的解不只具有理论意义，也具有重要的实用价值。

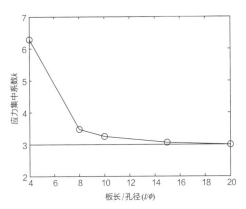

图 11-23　孔边应力集中系数 k 随板长/孔径（l/ϕ）的变化

11.4　PDE Toolbox 应用深入

11.4.1　复杂边界条件的设置和复杂载荷的施加

从前面的实例演示不难看出，应用 PDE 工具箱求解平面应力问题和平面应变问题最为复杂的步骤就是给边界条件赋值，在边界条件设定好后，后面的求解就很简单了。对于力学问题的给边界条件赋值，可简单总结为：位移边界条件对应的是 Dirichlet 类型，力边界条件对应的是 Neumann 类型。

在上一节的例子中，边界条件都比较简单，因而比较容易设定。对于一些复杂的边界条件，其设定需要一些技巧。

例：如图 11-24 所示问题，如何在偏微分方程工具箱中设定各种边界条件和载荷？

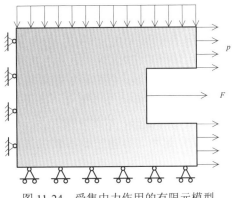

图 11-24　受集中力作用的有限元模型

按照之前的总结，可知边界条件赋值方法见表11-2。但对于集中力，仍无现成方法可以采用。

表11-2　边界条件赋值方法

力学边界条件	数学描述	PDE Tool 赋值
固支	x 方向位移 $u_1=0$，且 y 方向位移 $u_2=0$	h11=1, h12=0 h21=0, h22=1 r1=0 r2=0
简支	x 方向位移 $u_1=0$，或 y 方向位移 $u_2=0$	h11=1，其余为0，或 h22=1，其余为0
均布载荷	x 方向载荷 p_x，或 y 方向载荷 p_y	g1=px，其余为0，或 g2=py，其余为0 （向上向右的力为正）

在 PDE Toolbox 中，虽没有施加集中力的边界条件可选，但可以用变通的手段来实现：可将集中力 F 均匀分散在受力点周围的一小段区域，等效为作用于 l 长边界上的均布力 $p=F/l$。则图11-24可以做如图11-25（a）所示的近似处理，图11-25（b）中蓝色区域即为等效集中力加载边界。

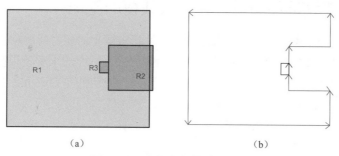

（a）　　　　　　　　　　　　　　（b）
图11-25　含集中力模型的简化

11.4.2　数据结果的输出与保存

用 PDE Toolbox 求解的任何结果均可以在其界面中显示，但并不是所有结果都可以直接输出为用户可以操控的数据。对于结构力学问题，工具箱只能输出位移解，其他如应变、应力等，只能显示而无法获得数据。很多时候，用户可能需要将应力、应变结果输出并用自己的程序进行进一步处理，PDE Toolbox 不提供直接输出，这给进一步分析带来了一定困难。

为实现 PDE Toolbox 中所有数据的输出，本部分提供了一种方法：先将有限元模型参数及位移解输出到 MATLAB 的变量空间中，再通过调用 PDE Toolbox 中的应力计算函数，得到相应的应变、应力等力学量。

（1）输出模型参数及位移解

在 PDE Toolbox 界面建模并完成计算后，运行函数 gerpetdata 即可获得代表模型参数和计算结果的变量，供下一步计算应力、应变等力学量时使用。

% getpetdata.m

```
%====================================================================%
%% 文件名:getpetdata.m
%% 功能:获得 PDE 模型参数和计算结果
%====================================================================%
%
function [p, e, t, u, l, c, a, f, d, b, g] = getpetdata
%GETPETDATA Get p, e, t, u, c, a, f, d, b and g.
pde_fig = findobj(allchild(0),'flat','Tag','PDETool');

if isempty(pde_fig)
error('PDE Toolbox GUI not active.')
end


u = get(findobj(pde_fig,'Tag','PDEPlotMenu'),'UserData');
% 获得节点的位移解,向量 u 前一半为 x 方向位移,后一半为 y 方向位移
l = get(findobj(pde_fig,'Tag','winmenu'),'UserData');
h = findobj(get(pde_fig,'Children'),'flat','Tag','PDEMeshMenu');
hp = findobj(get(h,'Children'),'flat','Tag','PDEInitMesh');
he = findobj(get(h,'Children'),'flat','Tag','PDERefine');
ht = findobj(get(h,'Children'),'flat','Tag','PDEMeshParam');
p = get(hp,'UserData'); %网格参数
e = get(he,'UserData'); %网格参数
t = get(ht,'UserData'); %网格参数


%% 获得模型参数
params=get(findobj(get(pde_fig,'Children'),'flat','Tag','PDEPDEMenu'...
),...'UserData');
ns = getappdata(pde_fig,'ncafd');
nc = ns(1); na = ns(2); nf = ns(3); nd = ns(4);
idxstart = 1;
idxstop = nc;
c = params(idxstart:idxstop,:);
idxstart = idxstart+nc;
idxstop = idxstop + na;
a = params(idxstart:idxstop,:);
idxstart = idxstart+nc;
```

```
idxstop = idxstop + nf;
f = params(idxstart:idxstop, :);
idxstart = idxstart+nf;
idxstop = idxstop + nd;
d = params(idxstart:idxstop,:);

%% 获得边界条件
hbound = findobj(get(pde_fig,'Children'),'flat','Tag','PDEBoundMenu');
g = get(hbound, 'userdata');
hb_cld = get(hbound, 'children');
b = get(hb_cld(7), 'userdata');
```

（2）获得其他力学量及其可视化

利用上一步输出的模型参数及位移解可调用 PDE Toolbox 中的 pdesmech 函数计算待求区域的力学量，并进行可视化显示。

> 句法
>
> out = pdesmech (p, t, c, u, p1, v1,...)
>
> 说明
>
> pdesmesh：利用 pde 模型的参数及其求解的位移可计算其他力学量。
>
> p, t, c, u：上一步由 PDE Toolbox 界面输出的模型参数和位移解。
>
> p1, v1：待求力学量的具体属性，具体可参照 MATLAB 的 "Help" 文档。
>
> out：返回的待求量。

通过 pdesmech 计算得到的力学量分布在三角形单元的中点上，首先通过函数 pdeprtni 将其线性插值到节点上，然后利用函数 tri2grid 求解该力学量在待求区域的值，以求 x 方向正应力 σ_x 为例，具体语句如下。

```
>> sxx_mid = pdesmech(p,t,c,u,'tensor', 'sxx');
% p,t,c,u 为模型参数和位移解
sxx_node = pdeprtni(p,t, sxx_mid);
 sxx = tri2grid(p,t, sxx_node,x,y); % x,y 为待求区域
pcolor(x, y, sxx); % 可视化
```

对于位移场，可以直接调用 tri2grid 求解其在待求区域的值，例如：

```
>> ux = tri2grid(p, t, u(1:size(u,1)/2), x, y); % x 方向位移
uy = tri2grid(p, t, u(size(u,1)/2+1:end), x, y); % y 方向位移
```

以 11.3.2 节中的计算结果为例，用上述方法可以导出其应力数据并进行后处理。这样不仅能像 PDE 工具箱那样画出应力分布云图，还能取感兴趣的区域进行具体分析。如图 11-26 所示，不仅给出 σ_x 的分布云图，还给出了直线 $x=0$ 处的 σ_x 的在 $x=0$ 处的分布曲线。

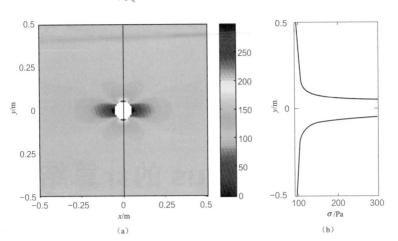

（a）　　　　　　　　　　　（b）

图 11-26　导出 PED Toolbox 的数据并进行进一步后处理的效果图

（a）σ_x 的分布云图；（b）σ_x 直线在 $x=0$ 处的分布曲线

>>> 第 **12** 章

后处理 Abaqus 的计算结果

前面两章介绍了用 MATLAB 进行简单力学计算的方法，对于更复杂的力学问题，一般需要用功能更强大的商业化有限元软件，如 Ansys、Abaqus 等来完成。但很多时候，研究中还需对商业化软件计算结果进行进一步的分析，这就需要读取这些软件的计算结果并做后处理。

本章以 Abaqus 为例，简单介绍用 MATLAB 后处理其计算结果的操作方法。其他商业有限元软件的处理方法类似。

12.1 商业有限元软件结果后处理的必要性

随着计算技术、计算硬件的发展及越来越多的需求，商业有限元软件的功能也越来越强大，不但计算和分析功能强大，其数据后处理功能也越来越强大。目前的商业有限元软件中，对计算结果可以进行统计分析，也可以进行各种形式的可视化（图 12-1）。

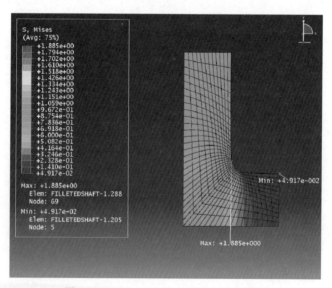

图 12-1　Abaqus 中显示的应力计算结果

但是，在实际应用中，这些现成的分析和可视化功能并不总能满足用户的要求。例如下面的几个例子。

① 画一个计算结果与实验或解析结果的对比图。将计算结果与实验或解析结果相对比，是研究或工程中经常要进行的工作，但仅用商业有限元软件的后处理功能是不能完成这一工作的。因为有限元软件不提供将实验或理论结果导入后绘图的功能。更为重要的是，有限元数据结果中的数据点（节点或单元数据点）与实验观测的数据点很有可能是不对应的，也无法做比较。要完成上面的工作，需要将有限元计算结果导出来，然后用其他数据处理软件完成操作。

② 对计算结果进行深入分析或从中拟合关系等。即使不和实验或解析结果对比，仅用计算结果分析，有时软件提供的功能也是不够用的。例如，对一个结构的应力场中的一部分进行"增强"，使其更加突出。这需要先判定，划定区域，再进行分块操作。对于这种复杂的操作，商业有限元软件一般是不提供的。再如，从不同载荷的计算结果中拟合出一个关系式，直接用有限元软件完成这种操作也比较困难。

③ 画一个符合期刊发表规范的图。即使上面两个工作都不做，有限元软件的计算结果也直接就可以用，商业软件画的图在很多时候也是不能用的。例如图 12-1 就不符合绝大多数期刊的绘图要求。

综上可知，将商业有限元软件的计算结果导出，然后用功能更强大、使用更灵活的语言（如 MATLAB）编程进行处理是很有必要的。

12.2　Abaqus 计算结果的后处理

12.2.1　问题描述

以一个对径受压圆盘应力分布的计算为例。设有一直径为 50 mm，厚度为 5 mm 的圆盘，受一对集中力作用（图 12-2）。圆盘由环氧树脂制成，其弹性模量为 2.3 GPa，泊松比为 0.4。

用 Abaqus 计算其应力分布，将中轴线上的应力与理论结果对比，将圆盘的最大剪应力分布与光弹性实验的等差线进行对比。

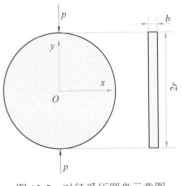

图 12-2　对径受压圆盘示意图

12.2.2　操作过程

（1）计算

用 Abaqus 建立有限元模型，如图 12-3（a）所示，施加载荷并设定边界条件后进行计算，得到的结果如图 12-3（b）所示。

（2）Abaqus 数据的导出

从 Abaqus 中可以导出两个存储计算数据的文件：.inp 和 .rpt 文件。其中 .inp 文件中存储了计算模型的几何数据，如节点的坐标和单元的节点信息等；.rpt 文件中存储了位移、应力等计算结果信息。Abaqus 的计算结果存储在二进制的.odb 文件中，用"report"选项可从.odb 文件中输出 ASCII 码的.rpt 文件。

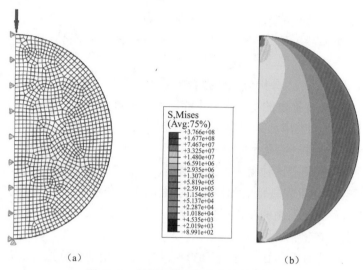

（a）　　　　　　　　　　　　　　　　（b）

图 12-3　有限元模型及应力结果云图

.inp 文件格式如下：

```
*Heading
** Job name: brazilian_disc Model name: Model-1
** Generated by: Abaqus/CAE 6.10-1
*Preprint, echo=NO, model=NO, history=NO, contact=NO
**
** PARTS
**
*Part, name=Part-1
*Node
    1,        0., 0.0219999999
    2,        0., 0.0189999994
    3,        0., 0.0170000009
…
*Element, type=CPS8
  1, 246,  247,  328, 1048, 1206, 1207, 1208, 1209
  2,  48,  437,  492,  504, 1210, 1211, 1212, 1213
  3, 614,   52, 1066, 1091, 1214, 1215, 1216, 1217
```

```
…
*Nset, nset=_PickedSet2, internal, generate
1,  3549,     1
…
```

在.inp 文件中，关键字"*Node"后面是节点的坐标信息，关键字"*Element"后面是单元的节点信息。后面还有其他关键字和其对应的数据信息。

.rpt 文件格式如下。

```
…
Field Output reported at nodes for part: PART-1-1
  Computation algorithm: EXTRAPOLATE_COMPUTE_AVERAGE
  Averaged at nodes
  Averaging regions: ODB_REGIONS


         Node         S.S11          S.S22          S.S12
         Label        @Loc 1         @Loc 1         @Loc 1
----------------------------------------------------------------

            1      3.72978E+06    -28.9362E+06    610.036E+03
            2      1.91421E+06    -14.9593E+06    28.3204E+03
            3      1.84509E+06    -11.4225E+06    8.96470E+03
…
Minimum         -168.543E+06    -297.155E+06    -158.33E+06
    At Node           19             19             19
…
```

.rpt 文件中第 23 行至倒数第 11 行的内容记录了节点与计算结果（位移、应力或应变等信息）。

将上面两个文件对应起来，就可以得到空间坐标与计算结果的对应关系，从而可以生成计算结果的矩阵。

（3）后处理 Abaqus 计算结果的具体过程

以前面巴西圆盘计算结果的后处理为例，设 Abaqus 输出的两个文件为 brazilian_disc.inp 和 brazilian_disc.rpt。

首先读取"brazilian_disc.inp"文件中单元的节点的坐标，将其赋值给变量 x 和 y。需要注意的是，由于.inp 文件同时包含了注释等说明信息，读取数据时，需要先通过查找关键字的方式确定数据的位置，再进行读取。然后读取"brazilan_disc.rpt"文件中的结果数据，将其赋值给变量 sigma_data。同样地，需要先确定数据的位置，再进行读取和进一步处理。读取数据后，x, y, sigma_data 矩阵中分别存储了节点的坐标和应力，有了这些矩阵，就可以用 MATLAB 完成本节中描述的问题了。

圆盘中轴线上应力的理论解与有限元解对比结果如图 12-4 所示。

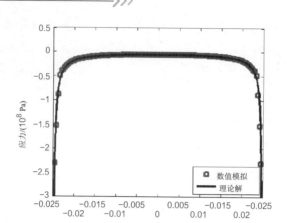

图 12-4　圆盘中轴线上应力的理论解与有限元解对比图

句法

　　　　[A,B,C,...] = textread('filename','format')

说明

　　textread 函数可以从文本文件中读取数据，其中 filename 就是文件名，format 就是要读取的格式。

```
%=================================================================%
%% Curve.m
%% 本程序用于实现生成轴线上应力的理论解与有限元解对比图
%=================================================================%
close all
clear all
clc
%% 材料常数
d = 0.05; %圆盘直径
r = d/2; %圆盘半径
t = 0.005; %圆盘厚度
load = 700; %载荷
%% 计算理论应力场
xx = linspace(-r,r,255);
yy = linspace(-r,r,255);
[x,y] = meshgrid(xx,yy);%建立方形区域
circle = x.*x + y.*y - r.*r;%利用 circle 判别圆域
circle(circle>0) = nan;
circle(circle<=0) = 0;
ppi = 2/pi;
```

```
ydx = (y+r).*(y+r) + x.*x;

ydx = ydx.*ydx;

dxy = (r-y).*(r-y) + x.*x;

dxy = dxy.*dxy;

yd = (y+r);

dy = (r-y);

sigma_x_th = (load*(- ppi * (yd.*x.*x./ydx + dy.*x.*x./dxy) + ppi/d))/t+... circle;

sigma_y_th = (load*(- ppi * (yd.^3./ydx + dy.^3./dxy) + ppi/d))/t+circle;
```

%% 读取坐标数据

```
file_inp = textread('brazilian_disc.inp','%s','delimiter','\n');
```

%将 inp 文件以换行为分隔符读取成字符串

```
n1 = strmatch('*Node', file_inp); %查找数据开始的位置

n2 = strmatch('*Element,', file_inp); %查找数据结束的位置

node_data = str2num(char(file_inp(n1+1:n2-1)));
```

%将关键字之间的顶点数据转化为矩阵

```
x = node_data(:,2); %提取所有点的 x 坐标

y = node_data(:,3); %提取所有点的 y 坐标
```

%% 读取计算结果数据

```
file_rpt = textread('brazilian_disc.rpt','%s','delimiter','\n');
```

%将 rpt 文件以换行为分隔符读取成字符串

```
n3 = 23; %设定数据开始的位置

n4 = length(file_rpt)-11; %设定数据结束的位置

sigma_data = str2num(char(file_rpt(n3:n4)));
```

%将关键字之间的结果数据转化为矩阵

```
sigma_x = sigma_data(:,2); %提取所有点的 y 方向应力结果

sigma_y = sigma_data(:,3);
```

%% 绘制对比图

```
[x1,y1] = meshgrid(linspace(0,0.025,128),linspace(-0.025,0.025,255));
```

%设定插值区域

```
sigma_x_grid = griddata(x,y,sigma_x,x1,y1); %对计算结果插值

plot(y1(:,1),sigma_x_grid(:,1),'LineWidth',3,'Color',[1 0 0],...

    'DisplayName','数值模拟'); %绘制中轴线上数值计算结果曲线

hold on

yy=linspace(-r,r,255); %生成中轴线上结果的坐标空间

sigma_x_midline=sigma_x_th(2:length(yy)-1,128); %截取中轴线上理论解结果

plot(yy(2:length(yy)-1),sigma_x_midline,'LineWidth',3,...

    'DisplayName','理论解'); %绘制中轴线上理论解结果曲线

legend1 = legend('show'); %添加图例
```

```
set(legend1,'Location','SouthEast','FontSize',15);
%设置图例位置及字体大小
ylabel('Stress(Pa)');  %设置 x 轴名称
xlabel('y(m)');  %设置 y 轴名称
ylim([-1.6e8 0.3e8]);
```

　　光弹性实验中的等差线代表了光弹性材料（如环氧树脂）制成的模型中的最大剪应力分布，图 12-5（a）所示为与本计算模型中同尺寸光弹模型实验中的等差线。为验证计算结果，可将同样载荷下的有限元计算结果与实验中的等差线绘制在一起，如图 12-5（b）所示。

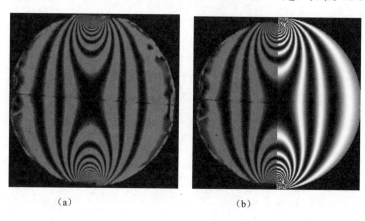

（a）　　　　　　　　　　　（b）

图 12-5　等差线比较

（a）光弹实验等差线条纹；（b）实验等差线与有限元计算结果对比

```
%=============================================================%
%% BrazilianDisc.m
%% 本程序用于实现显示实验中的等差线与有限元计算结果的对比图
%=============================================================%
close all
clear all
clc
%% 读取节点坐标数据
file_inp = textread('brazilian_disc.inp','%s','delimiter','\n');
n1 = strmatch('*Node', file_inp);
n2 = strmatch('*Element,', file_inp);
node_data = str2num(char(file_inp(n1+1:n2-1)));
x = node_data(:,2);
y = node_data(:,3);
%% 读取计算结果数据
file_rpt = textread('brazilian_disc.rpt','%s','delimiter','\n');
n3 = 23;
```

```
n4 = length(file_rpt)-11;
sigma_data = str2num(char(file_rpt(n3:n4)));
[x1,y1] = meshgrid(linspace(-0.025,0.025,256),linspace(-0.025,0.025,... 256));
sigma_x = griddata(x,y,sigma_data(:,2),x1,y1);
sigma_y = griddata(x,y,sigma_data(:,3),x1,y1);
sigma_xy = griddata(x,y,sigma_data(:,4),x1,y1);
%% 计算最大剪应力
sigma1 = (sigma_x+sigma_y)/2+1/2*sqrt((sigma_x-sigma_y).*(sigma_x-
sigma_y)+...
4*sigma_xy.*sigma_xy);
sigma2 = (sigma_x+sigma_y)/2-1/2*sqrt((sigma_x-sigma_y).*(sigma_x-
sigma_y)+...
4*sigma_xy.*sigma_xy);
sigma_xy_max = (sigma1-sigma2)/2;
%% 绘制对比图
I=sin(sigma_xy_max/0.203e6);
imshow(I,[min(I(:)) max(I(:))])
hold on
left = imread('left.bmp');
imshow(left);
```

》》》 第 13 章

处理和绘制拉伸实验的数据

低碳钢的拉伸实验是材料力学中最先接触的一个实验，这个实验虽然简单，却可以帮助初学者建立许多重要的力学概念。拉伸实验也是力学测试中最常做的一个实验，能够处理拉伸实验的数据并将其绘制成曲线，是力学专业学生的必备本领。

13.1 拉伸实验数据处理概述

做拉伸实验时，将图 13-1 所示的低碳钢标准拉伸试件夹持在图 13-2 所示的试验机的拉伸夹头上并对其施加拉力，用载荷传感器测量施加的拉力，用引伸计测量试件的应变。整个实验场景如图 13-3 所示。

图 13-1 标准拉伸试件   图 13-2 拉伸试件夹持在   图 13-3 拉伸实验场景
                           两个夹头中间

拉伸实验最主要的实验数据是应力–应变曲线，从曲线上可以获取材料的比例极限、弹性模量、屈服极限、强度极限等力学量，还可观察屈服、强化等变形阶段的行为。目前常规的试验机控制软件一般会实时绘制应力–应变曲线（图 13-4），有的甚至还提供简单的分析功能，如拟合弹性模量等。

但是，直接用上述曲线图撰写文章或报告基本是不可行的。首先，与专业绘图软件作出的图相比，这些曲线图是不够美观的（如图 13-4 和图 13-5 的对比），且其标注等常不符合规范；其次，如果想往这类图中加一些素材，如加入某部分的放大曲线等，是不可能的；最后，要想在报告或文章中利用这类图，只能通过拷屏生成位图，而用位图表达的曲线，其印刷质量一般比较差。鉴于上述原因，有必要掌握分析实验数据并绘制曲线的技能。一般的试验机软件均提供数据导出功能，用 MATLAB 完全可以达到上述目的。

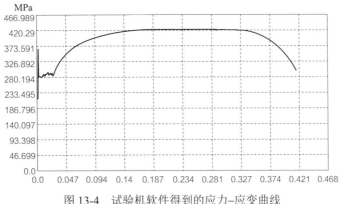

图 13-4　试验机软件得到的应力–应变曲线

下一节针对一个具体的实验，介绍用 MATLAB 处理并绘制实验曲线的具体过程。

13.2　低碳钢拉伸实验数据处理及绘制

13.2.1　目标及要求

本部分数据处理针对低碳钢拉伸实验进行，其目标是利用试验机导出的数据文件绘制一个如图 13-5 所示的曲线图。仔细观察这个曲线图，可以发现 3 个主要特点：首先，曲线的标注明晰且丰富，除了标注必要的坐标信息外，材料的屈服、强度极限等均标注在合适的位置；其次，在曲线图的空白位置嵌入了一个局部放大图，更清楚地显示了弹性变形阶段和屈服初期试件的变形；最后，用拟合的方法计算出了材料的弹性模量，并标注在曲线上。

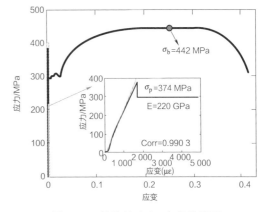

图 13-5　最终的应力–应变曲线图

这样的图，信息量非常丰富，且合理利用了空间，显不出拥挤，因此是文章或报告中常用的图。要绘制这样的图，必须用带有数据处理功能的绘图软件。

下面介绍如何用 MATLAB 实现图 13-5 的绘制。

13.2.2　具体实现过程

（1）读取数据

读取"应力应变数据.txt"文件中的应力、应变数据，将其赋值给变量 stress 和 strain。

（2）绘制整体应力–应变曲线

绘制整体应力–应变曲线，标注 x，y 轴的名称、字体，结果如图 13-6 所示。

（3）计算强度极限并标记在曲线上

使用 max 函数找到应力最大值点的应力（强度极限）和对应的应变，将其绘制在曲线上。使用 text 函数和 annotation 函数标注数值。中间曲线如图 13-7 所示。下面对上述两个用于标注的命令做简单的介绍。

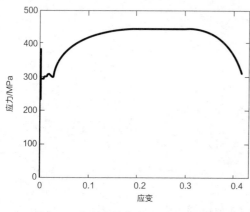

图 13-6　绘制整体应力–应变曲线的结果

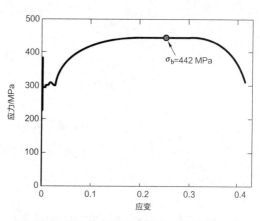

图 13-7　在曲线上标注出强度极限后的结果图

句法

　　text(x,y,'string')

说明

　　text 函数可以在坐标轴中创建一个文本框。

　　x,y：文本框的位置。

　　string：欲输入的文本框的内容。

句法

　　annotation('arrow',x,y)

说明

　　annotation 函数可以在坐标轴中创建一个箭头对象。

　　x,y：文本框的位置。

（4）选取应力–应变曲线的线性段数据并放大显示

建立一个新的坐标轴并设定其位置，选取应力–应变曲线的线性段数据，将其显示在新的坐标轴中，同时，还可以将该段的应力最大值（比例极限）和对应应变值找出并进行标注，如图 13-8 所示。

（5）拟合

拟合所得数据得到材料的弹性模量，将此数值标注在曲线旁。同时，还可以将拟合数据绘制在曲线中与原始数据对比。另外，可以计算线性段数据的线性相关系数，同样也可以标注在曲线旁，最终的曲线如图 13-5 所示。下面对用于拟合 polyfit 命令的用法做简单的介绍。

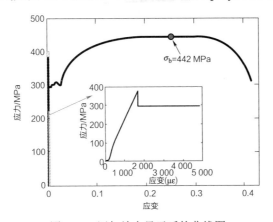

图 13-8　添加放大显示后的曲线图

句法

  p = polyfit(x,y,n)

说明

  polyfit 函数可以对两数据进行多项式拟合。

  x,y: 欲拟合的数据。

  n: 多项式的阶次。

实现低碳钢拉伸实验数据处理及绘制的具体程序范例如下。

```
%==============================================================%
%% LowCarbonResultPlot.m
%% 本程序用于绘制一条标注明晰,含有局部放大图的低碳钢拉伸应力-应变曲线
%==============================================================%
close all
clear all
clc
%% 读取数据
data = load('应力应变数据.txt','-ascii'); % 读取数据
stress = data(:,1);
strain = data(:,2);
%% 绘制整体曲线
figure
plot(strain,stress,'k','linewidth',5) % 绘制应力-应变曲线
xlabel('应变','fontsize',18) % 设置 x 轴名称
ylabel('应力(MPa)','fontsize',18) % 设置 y 轴名称
set(gca,'xlim',[0 0.43]) % 设置 x 轴显示范围
```

```matlab
set(gca,'fontsize',18) % 设置坐标轴显示字体
hold on
% 标注强度极限
sigmaB = max(stress); % 读取强度极限点的应力值
strain_sigmaB = strain(stress==sigmaB); % 读取强度极限点的应变值
plot(strain_sigmaB,sigmaB,'o','markersize',10,'markeredgecolor','k',...
'markerfacecolor','r','linewidth',2) % 在应力-应变曲线上绘制强度极限点
s1 = strcat('\sigma_{b}=',int2str(sigmaB),'MPa'); % 生成强度极限标注字符串
text(0.25,375,s1,'fontsize',18) % 以文本框方式标注强度极限值
annotation('arrow', [0.62 0.60],[0.76 0.81]); % 绘制指向箭头
%% 放大绘制局部曲线
strain_E = 1e6*strain(strain<0.031); % 从整体应变数据中选取线性段的应变数据
stress_E = stress(strain<0.031); % 从整体应力数据中选取线性段的应力数据
rectangle('position',[0 0 0.05 400],'edgecolor','m') %标注用于放大的区域
annotation('arrow',[0.23 0.36],[0.46 0.56],'color','m'); % 绘制指向箭头
h = axes('position',[0.42 0.25 0.35 0.35]);
% 生成一个新的坐标轴用于绘制放大的曲线
plot(strain_E,stress_E,'k','linewidth',2)
% 在新的坐标轴里绘制线性段应力-应变曲线
xlabel('应变(με)','fontsize',10) % 设置 x 轴名称
ylabel('应力(MPa)','fontsize',10) % 设置 y 轴名称
set(gca,'fontsize',10) % 设置坐标轴显示字体
set(h,'xlim',[0 0.005e6]) % 设置 x 轴显示范围
% 标注比例极限
sigmaP = max(stress_E); % 读取比例极限点的应力值
strain_sigmaP = strain_E(stress_E==sigmaP); % 读取比例极限点的应变值
plot(strain_sigmaP,sigmaP,'o','markersize',7,'markeredgecolor','k',...
'markerfacecolor','b','linewidth',2) % 在应力-应变曲线上绘制比例极限点
s2 = strcat('\sigma_{p}=',int2str(sigmaP),'MPa'); % 生成比例极限标注字符串
text(2300,350,s2,'fontsize',14); % 以文本框方式标注比例极限值
% 拟合计算线性段弹性模量并标注在曲线上
E = polyfit(strain_E(strain_E<1000),stress_E(strain_E<1000),1);
% 拟合线性段数据
stress_E_N = polyval(E,strain_E); % 使用拟合参数计算新的应力
plot(strain_E,stress_E_N,'m','linewidth',1)
set(h,'ylim',[0 400]) % 设置 x 轴显示范围
s1 = strcat('E=',int2str(E(1)),'GPa'); % 生成标注字符串
corrC=corrC(strain_E(strain_E<1000),stress_E(strain_E<1000));
```

```
% 计算线性相关系数
s2 = strcat('Corr=',num2str(corrC(1,2)));  % 生成标注字符串
text(2500,250,s1,'fontsize',14);  % 以文本框方式标注弹性模量值
text(2000,50,s2,'fontsize',14);  % 以文本框方式标注弹性模量值
```

»»» 第 **14** 章

实现一个光学引伸计

很多时候，市场上出售的常规仪器已不能满足测量要求，这时就需要自行设计一些测试仪器。例如上一章中用来测量试件应变的标准引伸计，在很多情况下是不能使用的（如应变太大的时候）。这里可以告诉读者一个事实，上一章低碳钢拉伸实验中应力–应变曲线后半段的应变数据是有问题的：曲线后半段的应变数据是直接用试验机压头的位移数据估算出来"凑数"的，这是因为普通的引伸计量程有限，不能用其测量后半段的变形（当试件屈服后，一般要将引伸计摘掉，否则会使引伸计损坏）。

实验研究经常要面对一些新问题，因此有时常需要自行设计并实现一些特殊的测量装置。本章介绍用 MATLAB 实现一个大量程的光学引伸计的过程。

14.1 光学引伸计

14.1.1 引伸计及光学引伸计

引伸计（Extensometer）是测量试件两点间相对变形程度（应变）的标准测量工具（图 14-1），其应用在上一章已介绍过。常规的引伸计使用方便，但有一定缺陷：对于某一型号的引伸计来说，其标距是固定的，过大或过小的试件不能测量；需要用两个卡口接触试件传递变形，因此不能测量软材料等试件；变形由应变片来测量，其量程有限，一般不能进行超大变形的测量。

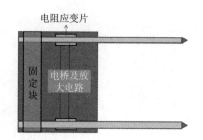

图 14-1　引伸计及其工作原理

光学引伸计（optical extensometer）如图 14-2 所示。用光学引伸计测量应变时，首先在试件表面制作两个标记点，之后使用数字相机实时采集标记点的数字图像（实时记录的图像序列构成一个视频，因此光学引伸计也称为视频引伸计）。实验结束后，用图像处理的方法精确定位各幅图像中两个标记点的坐标 (x_A, y_A) 和 (x_B, y_B)，根据不同时刻标记点的坐标可计算出应变。

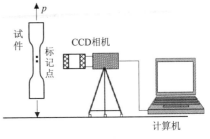

图 14-2　光学引伸计测量应变的示意图

如图 14-3 所示，第 n 幅图像上两个标记点之间的应变为

$$\varepsilon_{xn} = \frac{l_{xn} - l_{x0}}{l_{x0}} = \frac{|x_{Bn} - x_{An}| - |x_{B0} - x_{A0}|}{|x_{B0} - x_{A0}|} \tag{14-1}$$

其中，l_{xn} 为第 n 幅图像上两点之间的距离；l_{x0} 为加载前两点之间的距离。

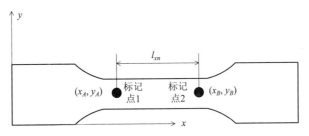

图 14-3　使用标记点坐标计算应变的示意图

从上面的原理可知，光学引伸计是一种非接触测量手段，且测量时标距和量程不受限制，因此特别适合超常规尺度（如超大或超小试件）和软材料（如橡胶、塑料、薄膜和纤维等）试件的应变测量。

14.1.2　光学引伸计的实现流程

从光学引伸计的原理介绍中可以看出，实现光学引伸计最重要的两个步骤是采集图像和处理图像：采集图像即要实时获取加载过程中的图像数据（一般还需保存下来供后面精细处理）；处理图像即要用图像处理方法获得标记点的精确位置（可在采集时实时处理，也可在实验后针对保存的图像处理）。

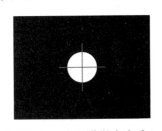

图 14-4　一幅图像的灰度重心

确定标志点位置的方法较多，本部分介绍一种简单易行且适用性广的方法，即"灰度重心法"。如果将图像看作一个密度不均匀的平板，各像素点的灰度看作平板的密度，则图 14-4 所示的一个含单个白色标记点的图像表示一个均匀且密度极低的平板中夹杂着一个密度极大的质量块。由于板和质量块密度相差很大，可以用整个板的重心代表质量块的中心。对于图像来说，就是用图像的"灰度重心"代表白色标记点的中心。

设图 14-4 所示的图像大小为 $M \times N$，其灰度为 $I(i, j)$，（$0 < i < M, 0 < j < N$），则标记点的灰度重心坐标为

$$x = \frac{\sum\limits_{1}^{M \times N} i \cdot I(i,j)}{\sum\limits_{1}^{M \times N} I(i,j)} , \quad y = \frac{\sum\limits_{1}^{M \times N} j \cdot I(i,j)}{\sum\limits_{1}^{M \times N} I(i,j)} \quad (14\text{-}2)$$

利用光学引伸计测量时，图像中至少要有两个标记点（图 14-3），因此，处理数据时，需先将一幅图像分成两幅小图像分别进行处理。根据上面的原理可以设计光学引伸计的流程，如图 14-5 所示。

14.2 图像采集的实现

目前，光测实验中的图像采集一般用工业或科研用数字相机完成。与普通的家用数字相机最大的区别是，这类相机的图像采集可由程序精确控制，因此，可以自动采集并处理或存储。用光学引伸计测量时，所获得的应变数据还要与载荷等数据对应分析，因此，还需要将图像采集的时刻准确记录下来，以便与其他实验数据对准。工业和科研用数字相机在出售时

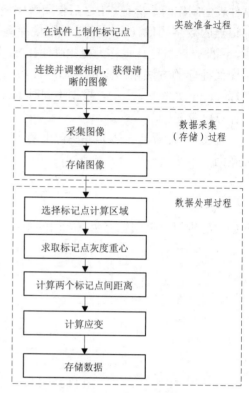

图 14-5　光学引伸计的流程

均提供针对常规编程语言如 VC++、VB 等的接口函数库，用这些语言调用函数库中的函数可完成相应功能。一般的相机并不提供针对 MATLAB 的接口函数，但 MATLAB 中有专门的图像采集工具箱（Image Acquisition Toolbox），可以供用户驱动相机完成图像采集。

14.2.1 MATLAB 图像采集工具箱

（1）MATLAB 控制相机硬件的原理

图像采集工具箱是 MATLAB 专为图像采集而设计的一个平台（图 14-6），这个平台帮助用户建立一个与硬件进行底层交流的桥梁，同时提供一些特殊函数，使用户可以用MATLAB 命令实现图像的采集。

使用图像采集工具箱，程序开发者无须与特定的图像采集硬件（相机或图像卡）直接打交道，在硬件安装成功后，MATLAB 图像采集工具箱即"接管"了与硬件的底层交流工作。在图像采集工具箱这个平台上，不管是何种型号、何种接口的相机，都是一样的，对于用户来说，可以用同样的函数进行控制。这样的操作模式将程序开发者从繁杂的底层函数中解脱出来，使程序开发变得简单。此外，当需要更换硬件时，这种模式开发的程序也无须更改代码，因此具有广泛的适用性。

（2）使用 MATLAB 图像采集工具箱进行图像的采集

使用 MATLAB 图像采集工具箱进行图像采集的具体流程如图 14-7 所示，下面分步骤进行具体说明。

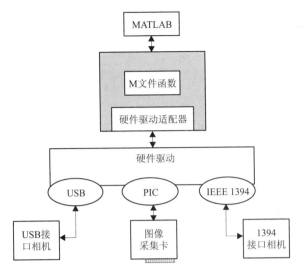

图 14-6 MATLAB 图像采集工具箱示意图

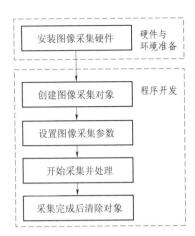

图 14-7 使用 MATLAB 进行
图像采集的具体流程图

1）第一步：安装图像采集硬件

按照数字相机的说明书正确安装相机的驱动程序（当前的计算机操作系统上一般会自带一些简易摄像头的驱动，这类相机无须安装驱动即可使用）。安装完成后，正确连接相机和计算机，用相机自带的测试软件进行图像采集的测试，确保相机的安装正常。

在安装好相机硬件后，还要安装 MATLAB 与硬件进行底层交流的"适配模块"（MATLAB 与硬件驱动之间的桥梁）。对于目前很多类别的数字相机，图像采集工具箱中已经提供了与硬件进行底层交流的"适配模块"，因此无须特别安装。表 14-1 为 R2011b 版本中已安装的适配模块的详细情况。

表 14-1　MATLAB 图像采集工具箱包含的适配器列表

适配器名称	描　　述
coreco	支持 Coreco 图像公司生产的图像采集设备
dcam	支持 IEEE1394（火线）图像采集设备
dt	支持 Data Translation 图像公司生产的图像采集设备
matrox	支持 Matrox Electronic 图像公司生产的图像采集设备
winvideo	支持可提供 Windows Driver Model（WDM）或者 Video for Windows（VFW）驱动（包括 USB 和 IEEE1394 相机）的设备

对于图像采集工具箱中未提供适配接口的硬件，用户需要自行安装或开发适配模块（相关方法或信息可从网络资源中获取，这里不详细叙述）。

在安装完成后，可以通过 MATLAB 命令查询系统中已经安装的适配模块的信息。

例 1：查询作者电脑上安装的适配器信息。

```
>> imaqhwinfo
```

```
ans =
    InstalledAdaptors: {'matrox'  'winvideo'}
       MATLABVersion: '7.14 (R2012a)'
         ToolboxName: 'Image Acquisition Toolbox'
      ToolboxVersion: '4.3 (R2012a)'
```

上面的结果表明作者的电脑系统上安装了两类适配器：一种是"matrox"，一种是"winvideo"。还可以进一步查询某一特殊适配器的情况。

例 2：查询作者电脑上 winvideo 适配器的细节。

```
>>imaqhwinfo('winvideo')
ans =
        AdaptorDllName: [1x81 char]
     AdaptorDllVersion: '4.3 (R2012a)'
           AdaptorName: 'winvideo'
             DeviceIDs: {[1]  [2]}
            DeviceInfo: [1x2 struct]
```

上面结果表明作者的电脑（surface pro）上安装了两个 winvideo 格式的摄像头，可以分别查询两个摄像头的信息。

例 3：查询两个 winwideo 摄像头的信息。

```
>>imaqhwinfo('winvideo',1)
ans =
            DefaultFormat: 'YUY2_1280x720'
        DeviceFileSupported: 0
               DeviceName: 'Microsoft LifeCam Rear'
                 DeviceID: 1
      VideoInputConstructor: 'videoinput('winvideo', 1)'
     VideoDeviceConstructor: 'imaq.VideoDevice('winvideo', 1)'
         SupportedFormats: {1x9 cell}

>> imaqhwinfo('winvideo',2)
ans =
            DefaultFormat: 'YUY2_1280x720'
        DeviceFileSupported: 0
               DeviceName: 'Microsoft LifeCam Front'
                 DeviceID: 2
      VideoInputConstructor: 'videoinput('winvideo', 2)'
     VideoDeviceConstructor: 'imaq.VideoDevice('winvideo', 2)'
         SupportedFormats: {1x9 cell}
```

2）第二步：建立图像采集对象

图像采集硬件和适配器安装完成后，工具箱就接管了与底层硬件的交流工作，用户直接就可以用 MATLAB 控制相机进行图像采集。要完成对相机的控制，先要建立一个在程序中代表相机的对象。其方法很简单，用 videoinput 函数可以实现（函数具体用法请自行查询）。

例 4：建立一个 winwideo 摄像头对象。

```
>>vid = videoinput('winvideo', 1) % 建立摄像头对象
Summary of Video Input Object Using 'Integrated Camera'.

   Acquisition Source(s):  input1 is available.

   Acquisition Parameters: 'input1' is the current selected source.
                           10 frames per trigger using the selected source.
                           'YUY2_1024x600' video data to be logged upon START.
                           Grabbing first of every 1 frame(s).
                           Log data to 'memory' on trigger.

      Trigger Parameters: 1 'immediate' trigger(s) on START.

                  Status: Waiting for START.
                          0 frames acquired since starting.
                          0 frames available for GETDATA.
```

vid 表示创建的摄像头对象。

例 5：通过 get 函数查看摄像头对象的所有属性。

```
>>get(vid) % 获取相机属性值
  General Settings:
    DeviceID = 1
    DiskLogger = []
    DiskLoggerFrameCount = 0
    EventLog = [1x0 struct]
    FrameGrabInterval = 1
    FramesAcquired = 0
    FramesAvailable = 0
    FramesPerTrigger = 10
    Logging = off
    LoggingMode = memory
    Name = YUY2_1280x720-winvideo-1
```

```
    NumberOfBands = 3

    Previewing = off

    ROIPosition = [0 0 1280 720]

    Running = off

    Tag =

    Timeout = 10

    Type = videoinput

    UserData = []

    VideoFormat = YUY2_1280x720

    VideoResolution = [1280 720]

  Color Space Settings:

    BayerSensorAlignment = grbg

    ReturnedColorSpace = YCbCr

  Callback Function Settings:

    ErrorFcn = @imaqcallback

    FramesAcquiredFcn = []

    FramesAcquiredFcnCount = 0

    StartFcn = []

    StopFcn = []

    TimerFcn = []

    TimerPeriod = 1

    TriggerFcn = []

  Trigger Settings:

    InitialTriggerTime = []

    TriggerCondition = none

    TriggerFrameDelay = 0

    TriggerRepeat = 0

    TriggersExecuted = 0

    TriggerSource = none

    TriggerType = immediate

  Acquisition Sources:

    SelectedSourceName = input1

    Source = [1x1 videosource]
```

相机对象建立后，可以打开一个窗口，实时显示采集到的图像，如图 14-8 所示。

例 6：利用 preview 命令对相机进行预览。

```
>> vid = videoinput('winvideo', 1) % 建立摄像头对象
preview(vid) % 相机预览
```

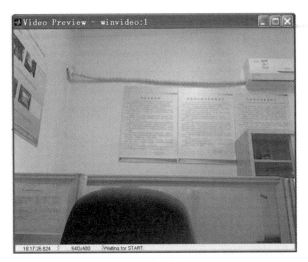

图 14-8　使用 preview 实时显示采集到的图像

3）第三步：设置图像采集参数

在开始图像采集之前，一般需要按要求进行相关的参数设置，用 set 函数可对相机参数（按照上文所介绍的，使用"get"命令查看）和采集参数进行设置（也可以不设置参数，此时图像采集按默认参数进行）。

相机参数包括 Shutter（快门）、Gain（增益）、FrameRate（帧率）等。不同的相机，可以设定的参数也不相同，所以用户在进行设定前必须确认相机有哪些参数可以修改。需要注意的是，大部分相机的曝光模式（AutoExposureMode）默认值是"on"，即在整个拍摄过程中，相机会根据环境光强的变化自动调整曝光参数。对光学测量来说，这是不希望发生的现象，因此需要将此属性设置为"off"。

采集参数包括 TriggerRepeat（触发次数）、FramesPerTrigger（触发采集帧数）、FrameGrabInterval（帧抓取间隔）及 FrameAcquiredFcn（帧获取调用函数）等。为了更好地理解要设置的参数，先对工具箱控制图像采集的流程进行简要说明。

一个完整的图像采集过程如图 14-9 所示。图像采集时，首先对硬件创建采集对象，然后启动对象，此时数据流开始发送，但并不采集和保存。只有当对象被触发后，采集才正式开始。

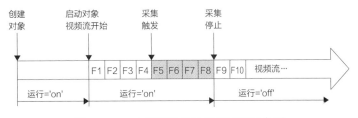

图 14-9　一个完整的图像采集过程示意图

TriggerRepeat 参数让使用者指定发出触发信号的次数。如果用户希望相机能够连续采集不停止，可以将此属性设为"Inf"。

FramesPerTrigger 参数让用户设置在一次触发中需要采集图像的数量。

FrameGrabInterval 参数让用户选择以间隔方式进行图像采集。具体示意图如图 14-10 所示。

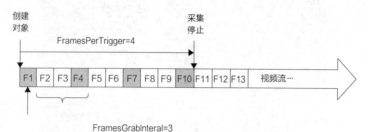

图 14-10　FrameGrabInterval 参数的释义示意图

FramesAcquiredFcn 参数用来设置一个由图像采集触发的函数的函数名。任何时候，一旦采集了一幅图像，就会调用这个函数。因此，用户可以在这个函数中添加图像数据处理的语句，实现图像的实时采集和处理。

例 7：设置相机 TriggerRepeat 参数为 Inf。

```
>> vid = videoinput('winvideo', 1) % 建立摄像头对象
set(vid,'TriggerRepeat', Inf)
```

4）第四步：开始采集并处理

参数设定完毕后，就可以采集图像了。图像采集工具箱提供了一个非常简单的图像采集函数——getsnapshot 来完成单张图像的采集。

句法

　　frame = getsnapshot(obj)

说明

　　Getsnapshot 函数可以采集一帧图像，该函数会返回一个矩阵，表征采集到的图像。

　　obj：图像采集对象。

　　frame：采集到的图像矩阵。

例 8：使用 getsnapshot 函数采集图像，将图像进行二值化处理并存储。

```
>> vid = videoinput('winvideo', 1) % 建立摄像头对象
frame = getsnapshot(vid); % 采集单张图像
bw_image = im2bw(frame,0.5) % 对图像进行二值化处理
imwrite(bw_image,'image.bmp'); % 存储图像
```

但是使用 getsnapshot 命令只能采集一张图像。如果希望能够连续采集图像，可以循环使用 getsnapshot。但这并不是一个好方法，因为每执行一次 getsnapshot，就要"启动"和"终止"图像采集一次，因而循环执行 getsnapshot 会使得程序效率很低。

在图像采集中，实现图像的处理可以用上面提到的 FramesAcquiredFcn 函数来实现。如果在图像采集对象中设置了此函数，则任何时候一旦采集了一幅图像，就会调用这个函数。

例 9：使用 FramesAcquiredFcn 函数实现图像采集、二值化处理和存储。

```
>> vid = videoinput('winvideo', 1) % 建立摄像头对象
```

```
set(vid,'FramesAcquiredFcn',{'Save_frame',handles});
% 设置调用函数名为 Save_frame
%% Save_frame.m 文件
function Save_frame(obj,event)
frame = peekdata(obj,1); %采集一帧图像
frame = frame'; %图像转置
bw_image = im2bw(frame,0.5); % 对图像进行二值化处理
imwrite(bw_image,'image.bmp'); % 存储图像
flushdata(obj); %清空内存
```

5）第五步：采集完成后清除对象

所有工作完成后，需要使用 delete 命令清除图像采集对象，否则，该对象还驻留在内存中，影响后续使用。设图像采集对象为 vid，则清除方法为 delete(vid)。

14.2.2　用 MATLAB 采集实验图像实例

以一个科研用 CCD 相机为例，详细介绍使用 MATLAB 驱动相机采集图像的全过程。

（1）硬件与环境准备

所使用的数字相机为德国 Basler A641f 工业 CCD 相机，分辨率为 1 624×1 236 像素，满分辨率下帧率为 15 fps，相机如图 14-11 所示。

首先，需要在电脑上安装相机的驱动程序，如图 14-12 所示。相机驱动程序安装完成后，通过数据线将相机连接到电脑上，之后启动相机自带的预览软件，查看相机是否连接成功，如图 14-13 所示。

图 14-11　Basler A641f 工业 CCD 相机及 Computar 镜头　　图 14-12　在电脑上安装相机自带驱动

在确认相机已经连接成功后，安装用于驱动 MATLAB 控制相机的适配器软件。本节相机数据传输方式为 1394a（火线），因此安装的适配器软件名称为 1394camera645.exe（读者可以到以下网站上自行下载：http://www.cs.cmu.edu/~iwan/1394/index.html），如图 14-14 所示。

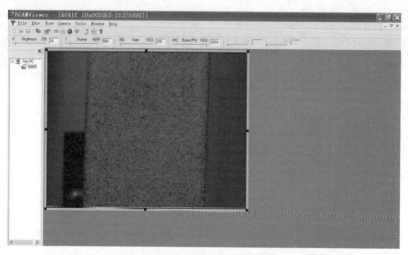

图 14-13　使用相机自带软件查看相机是否连接成功

软件安装结束后，桌面上会自动生成一个快捷方式（1394Camera Demo）。读者可以双击该快捷方式，打开此软件，查看相机是否连接成功，如图 14-15 所示。

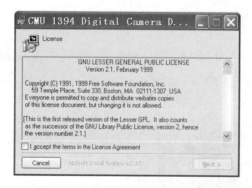

图 14-14　在电脑上安装适配器软件

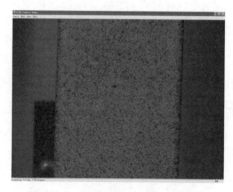

图 14-15　使用适配器软件查看相机
是否连接成功

确定软件安装正确且相机连接成功后，就已经可以使用 MATLAB 来控制相机了。

（2）图像采集

在图像采集之前，先要建立采集对象，并对采集对象进行参数设置。在设置完成后，就可以实现图像采集和处理了。本例中，将图像采集和处理用一个采集调用函数实现。采集对象每成功采集一幅图像，就会调用一次该函数。该函数可按要求生成含时间信息的字符串，并以该字符串为文件名将图像存储。

在此函数中，传递了一个参数 event，包含了函数调用中各种参数和数据，例如函数调用的时间（即图像采集的时间）。前已述及，测量中必须确知每幅图像的记录时间，以便和其他被测物理量在时间轴上对齐，本例即给出了使用 event 获知图像采集时间的方法。

此外，函数中还用到了一个命令——peekdata。该命令可以从相机已采集的数据中拿到最近一次采集的图像数据到 workspace 中。

> 句法
>
> 　　frame = peekdata(obj)
>
> 说明
>
> 　　peekdata 函数可以从相机已采集的数据中拿到最近一次采集的图像数据。
>
> 　　obj：相机对象。
>
> 　　frame：采集到的图像矩阵。

具体实现的程序范例如下：

```
%%================================================================%
%% ImageAcquisition.m
%% 本程序用于实现 BaslerA641f 数字相机的图像的连续采集和存储
%% 本程序内部调用子函数 Save_frame.m
%%================================================================%
close all
clear all
clc
%% 设置采集参数
vid = videoinput('dcam',1,'F7_Y8_1624x1236' ); % 建立图像采集对象
set(vid,'TriggerRepeat', 1000); % 设置相机 TriggerRepeat 参数为 Inf
set(vid,'FramesPerTrigger',1); % 设置相机 FramesPerTrigger 参数为 1
set(vid,'FrameGrabInterval',1); % 设置相机 FrameGrabInterval 参数为 1
set(src.Brightness, 'Brightness')=1; % 设置相机 Brightness 参数为 1
set(vid,'FramesAcquiredFcn',{'Save_frame',handles});
% 设置调用函数为 Save_frame
%% 启动采集
start(vid)
%% 终止采集
stop(vid)
%% 清除对象
delete(vid)
%%================================================================%
%% 文件名 Save_frame.m
%% 本函数为上述程序中采集图像需要调用的函数,用于实现图像的采集和存储
%% 参数 obj:相机对象
%% 参数 event:包含了函数调用中各种参数和数据
%%================================================================%
function Save_frame(obj,event)
```

```
global k t0; %设置全局变量
if (get(obj, 'framesavailable'))
    frame = peekdata(obj,1); %采集一帧图像
    frame = frame';%图像转置
    t = event.Data.AbsTime; %记录采集的时间
    tt = etime(t,t0);  %计算相对时间
    image_name=strcat('image_',int2str(k),'_',num2str(tt),'.bmp');
% 含时间信息的文件名
    imwrite(frame,image_name) %存储图像
    k=k+1;
    flushdata(obj);%清空内存
else
end
```

（3）使用 GUI 完成相机控制和图像的采集

前面的例子可以完成图像采集，但在实际应用中还存在一些不方便的地方。事实上，可以按照本书第 6 章介绍的 GUI 制作方面的内容，将上述程序改写成界面形式，这样更便于操作。作者编写的一个实验中应用的图像采集程序如图 14-16 所示。图像具有相机选择、放大预览、快门和增益调整、图像存储及帧率和丢帧数目实时显示等功能。程序文件可在网站上下载。

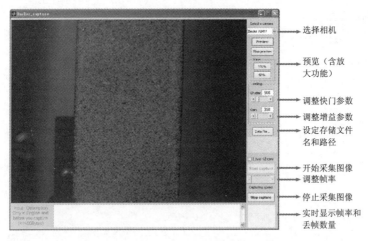

图 14-16　使用 GUI 完成图像采集的界面

14.3　含标记点图像的处理

在图像采集完成后，按照之前介绍的原理对图像进行处理，得到应变数据。本节介绍图像处理的细节。

14.3.1 处理图像得到应变数据

（1）读取图像并切分

首先，读取实验中采集得到的原始图像并显示，如图 14-17 所示。

之后，将图像切分为两部分，每部分只含有一个标记点。最简单的做法是将图像一分为二，一种更好的做法是以标记点为中心，从图像中切出一个合适大小的区域。这样做至少有两个好处：一是大大减少计算量，二是可以减小其他图像区域对重心计算的影响。

切分图像用 imcrop 命令来实现。为了更好地应用该函数，先要了解该函数中定义图像区域的方法。

图 14-17　实验中使用数字相机采集到的原始图像

句法

　　[I rect] = imcrop(image)

说明

　　imcrop 函数可以对原始图像进行裁剪。

　　image：原始图像。

　　I：裁剪后的图像。

　　rect：区域向量。

---

imcrop 中图像区域由一个向量来定义，称为区域向量。区域向量由 4 个数字组成，即$[x_0 \ y_0 \ w \ h]$，其具体含义如图 14-18 所示。

用 imcrop 切分图像区域有两种方法：一是给定区域向量切分，函数返回切分后的图像矩阵；二是交互式操作切分，函数返回切分后图像矩阵，同时返回区域向量。本部分介绍第二种方法。

运行本实例的程序范例，并手动给出要切分的区域，程序会切分出所需的图像并绘制一个边框在所切分的区域上，如图 14-19 所示。

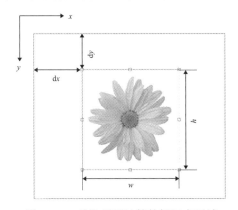

图 14-18　选取需要计算的标记点区域

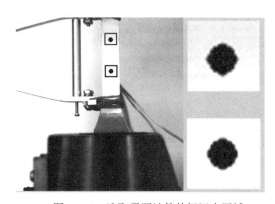

图 14-19　选取需要计算的标记点区域

（2）计算含标记点图像区域的灰度重心

对于切分后的图像区域，根据前面的原理计算其灰度重心。需要注意的是，对于本例中的黑色标记点，须在计算前先将图像反色（图 14-20（a）），使标记点变为白色（图 14-20（b））。具体的程序实现如图 14-20（c）所示。

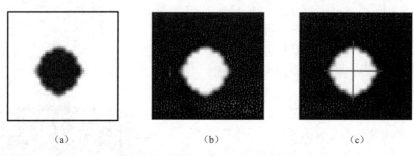

（a）　　　　　　　　　　（b）　　　　　　　　　　（c）

图 14-20　图像反色及确定灰度中心

下面进行灰度重心的计算。按照 14.1 节的原理，可编写图像区域灰度重心计算的函数。

按上述方法分别处理两个图像区域，可计算得到两个标记点的灰度重心坐标。利用两个坐标可以计算两点间的距离，进而计算应变。但是，直接用两个图像区域的灰度重心坐标相减计算距离的做法是错误的，因为这两个坐标计算结果是在不同的坐标系中得到的，必须将其转换到同一坐标系中才能计算。两个图像区域与整体图像坐标系的关系如图 14-21 所示。

利用图像区域切分的区域向量，可以很容易完成坐标系的转换，将标记点坐标转换到整体坐标系之后，便可计算两个标记点之间的距离了。至此，完成了一幅图像的全部处理。

用一个循环语句按同样的方法处理所有图像后，就可实现应变的计算了。其流程如图 14-22 所示。

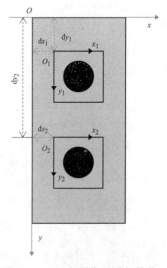

图 14-21　两个图像区域与整体
图像坐标系的示意图

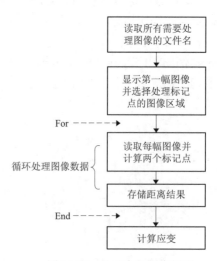

图 14-22　处理全部图像得到
应变结果的流程图

14.3.2　实际测量中需要考虑的一些细节

前面介绍的数据处理方法只是针对简单和理想的情况，在实际测量中，为了改善测量效果，还需要注意一些细节。有两个问题值得关注：

（1）标记点之外图像区域对结果的影响

理论上，标记点之外图像的灰度为 0 时，图像区域的灰度重心与标记点的中心重合。但是，实际测量中，不可能做到使其他区域的灰度为 0。更重要的是，测试过程中光照可能不均匀变化，导致图像其他区域的灰度发生变化。这会使灰度重心发生偏移，从而造成测量误差。

为解决上述问题，可在进行灰度重心计算时，先对标记点图像进行二值化处理，使除标记点区域之外的灰度变为 0。二值化的过程表示为

$$I_B(i,j) = \begin{cases} 1, & I_0(i,j) \geqslant I_t \\ 0, & I_0(i,j) < I_t \end{cases} \tag{14-3}$$

其中，I_t 为一给定的阈值。将图 14-23（a）进行处理，得到的新图像如图 14-23（b）所示。为了便于进行二值化操作，在实验过程中尽量制作与基底反差较大的标记点。

（2）超大变形测量时标记点"出格"的问题

如前所述，灰度重心的计算是针对从图像中选出一个包含标记点的小区域进行的。这个区域一般不希望太大，原因已在上文述及。但是，当测量大变形试件时，标记点可能会发生很大的移动，此时标记点很可能"出格"，即跑出图像区域（图 14-24）。用这种图像计算灰度重心，其结果显然是错误的。

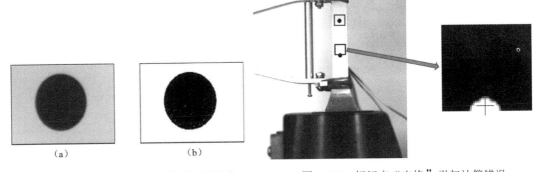

图 14-23　对标记点进行二值化前后的图像　　　　图 14-24　标记点"出格"引起计算错误

对于这一问题，可设计一个"动态图像区域"跟踪标记点，即对图像实行动态切分，区域大小不变，但每幅图像要处理的图像区域是变化的。切分区域的移动可由前面图像的计算结果来估计。需要注意的是，由于使用动态图像区域，计算不同幅图像之间标记点之间距离时，其坐标转换关系是不同的，这一点在编程时需要加以关注。

14.4　光学引伸计实例

实现光学引伸计可以先采集和保存图像，然后处理数据；也可以在实验过程中实时采集

并处理数据，实时得到曲线。二者各有优缺点：数据后处理光学引伸计无须在实验过程处理图像，图像采集速率会稍高一些；另外，处理实验数据时，可根据情况精心调节和改变数据处理参数，得到最好的结果，但是，这种方法无法实时显示实验结果，不能对实验结果有实时、直接的掌控和认识；实时测量光学引伸计与数据后处理光学引伸计的优缺点正好相反，使用时要根据不同的需求进行选择。

14.4.1　数据后处理光学引伸计

先按 14.2 节中的方法采集图像。假设实验过程中共采集 1 000 幅图像，命名规则为：image_1.bmp，…，image_1000.bmp。其中一幅图像如图 14-17 所示。

用如下的程序可实现应变的计算和存储。

```
%%================================================================%
%% OpticaExtensometer.m
%% 本程序用于实现光学引伸计图像的后处理,从图像数据中计算应变
%% 本程序内部调用子函数 Locate.m
%%================================================================%
close all
clear all
clc
%% 选取标记点的区域
image = imread('image_1.bmp'); %读取图像
[im1 r1]=imcrop(image); %选取标记点 1 的区域
[im2 r2]=imcrop(image); %选取标记点 2 的区域
%% 循环处理数据
for i=1:1000
    % 读取图像
    imageName=strcat('image_',int2str(i),'.bmp') %将文件名写成字符串
    image = imread(imageName); %读取图像
    im1 = imcrop(image,r1); %选取标记点 1 的区域
    im2 = imcrop(image,r2); %选取标记点 2 的区域
    % 计算标记点的灰度重心
    th = 0.15;
    [x1 y1] = Locate(im1,th);
    [x2 y2] = Locate(im2,th);
    % 求取两点间的距离
    X1(i) = x1+r1(1); % 坐标转换
    Y1(i) = y1+r1(2); % 坐标转换
    X2(i) = x2+r2(1); % 坐标转换
```

```
    Y2(i) = y2+r2(2); % 坐标转换
    disy(i) = Y1(i)-Y2(i); % 计算两个标记点在 y 方向的距离
    %修改标记点区域的位置参数,避免出现标记点出框
    if i>2
    r1(1)= r1(1)+X1(i)-X1 (i-1);
    r1(2)= r1(2)+Y1(i)-Y1 (i-1);
    r2(1)= r2(1)+X2(i)-X2 (i-1);
    r2(2)= r2(2)+Y2(i)-Y2 (i-1);
    end
end
strain=(disy-disy(1))/disy(1); % 计算每张图像中试件的应变值
save('strain.txt','strain','-ascii') % 存储应变数据


%===============================================================%
%% 文件名 Locate.m
%% 本函数为上述程序中,计算灰度重心的子函数
%% 参数 image:切割后的用于计算的的图像
%% 参数 threshold:灰度阈值
%===============================================================%
function [x, y] = Locate(image,threshold)
    bw = im2bw(image, threshold); %对图像进行二值化处理
    bw = 1-bw; %对二值化图像进行反色处理
    % 计算灰度重心
    sumb = sum(bw(:));
    [l,c] = size(bw);
    [ii,jj] = meshgrid(1:c, 1:l);
    sumii = sum(sum(ii.*bw));
    sumjj = sum(sum(jj.*bw));
    x = sumii/sumb;
    y = sumjj/sumb;
```

14.4.2　实时测量光学引伸计

本部分给出一个利用 DH-1300FM 相机搭建的实时测量光学引伸计的例子。由于要在实验过程中绘图，用 GUI 进行了界面编程，本部分只给出界面和说明（图 14-25），具体程序可从网站上下载。

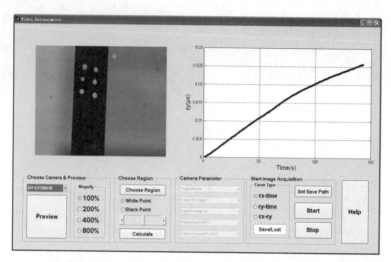

图 14-25　使用 GUI 实现实时测量的光学引伸计

14.5　光学引伸计测量实例

本节给出一个使用光学引伸计测量超高相对分子质量聚乙烯塑料应力–应变曲线的实例，并给出了具体的测量步骤和流程。

14.5.1　实验布置与实验仪器

实验用试件如图 14-26 所示。实验时使用济南试金 WDW3050 试验机（最大载荷 50 kN）对试件进行加载，加载速度 1 mm/min。使用 AVT 相机（PIKE421B，分辨率 2 048×2 048 像素）和 Sigma 镜头（焦距 105 mm）采集试件变形图像，图像采集速度设为 0.1 fps，即每 10 s 采集一幅图像。

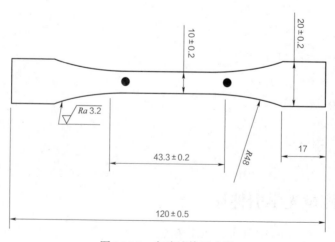

图 14-26　实验试件尺寸图

试验机的加载曲线如图 14-27 所示，采集的其中一幅图像如图 14-17 所示。

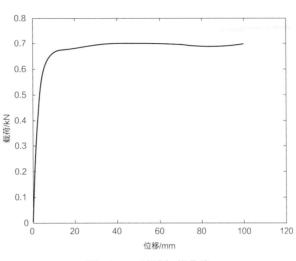

图 14-27　试验加载曲线

14.5.2　数据处理与分析

当实验结束后，从试验机输出的加载数据文件中可读出每个数据点的采集时间和载荷数据，从图像数据文件中可读出每幅图像的数据和与之对应的采集时间。按前述方法处理图像，可得到应变数据文件，每个数据点包括时间和应变。

数据处理的第一步是将这些数据结果读入，同时将载荷换算为应力。由于试验机和数字相机是两台独立的设备，其采集速度并不相同（实际差别很大），因此得到的应力数据点和应变数据点在时间上是不对应的，无法直接画图。要实现应力和应变数据的一一对应，需要利用插值的方法将其在时间轴上对准，利用插值后的数据，画出实验结果，如图 14-28 所示。具体的程序范例如下：

```
%===============================================================%
%% StrainStressCal.m
%% 本程序用于将载荷数据转换为应力,并通过时间与应变数据在时间轴上对准
%===============================================================%
close all
clear all
clc
%% 读取数据
data1=load('载荷时间数据.txt','-ascii'); % 读取数据
data2=load('应变时间数据.txt','-ascii'); % 读取数据
% 读取载荷和时间
time_force=data1(:,1); %单位为s
force=data1(:,2); %单位为N
stress=force/(pi*0.5*0.5);% 将载荷转换为应力,单位为MPa
% 读取应变和时间
```

```
time_strain=data2(:,1); %单位为 s
strain=data2(:,2); %单位 με
%% 数据插值并绘制应力-应变曲线
stress_new=interp1(time_force,stress,time_strain);
%插值获得与应变对应的应力
plot(strain,stress_new,'linewidth',3); %绘制应力应变曲线
xlabel('应变(με)','fontsize',18) % 设置 x 轴名称
ylabel('应力(MPa)','fontsize',18) % 设置 y 轴名称
set(gca,'fontsize',18) % 设置坐标轴显示字号
set(gca,'xlim',[0 13000]) % 设置坐标轴显示字号
grid on
```

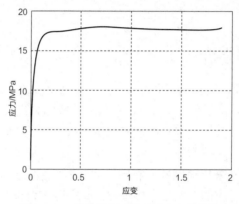

图 14-28　最终绘制出的应力–应变曲线

第 **15** 章

求解弹箭起竖发射的临界风速

一般情况下，弹箭发射对气候环境条件有一定要求，譬如，为了确保发射平台及弹箭的稳定性，要求发射阵地的环境风速低于某一临界值。一旦因风载荷作用导致弹箭起竖后发生倾倒而坠撞地面，可能引发弹箭武器的意外反应，进而造成人员伤亡和发射平台损毁等灾难性后果。

本章针对弹箭在起竖待发射状态下的安全性问题，建立无发射筒式弹箭在发射平台起竖后的风载荷扰动稳定性力学模型，计算获得不同弹箭参数对应的临界风速，分析质心相对位置对临界风速的影响规律，可为弹箭武器的安全操作提供参考。

15.1 临界风速求解计算

只考虑侧向风的影响，并将弹箭简化为圆柱模型，弹箭受到的外力包括风载荷、重力、地面的支持力和摩擦力，其简化的力学模型如图 15-1 所示。

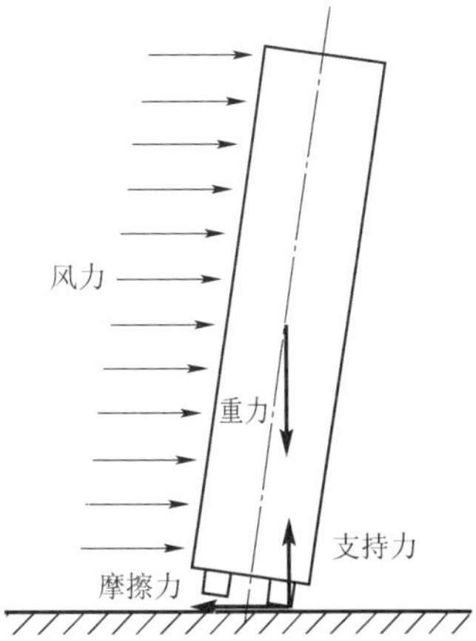

弹箭所受风载荷的计算公式可以简化如下：

$$F_w = \omega \cdot S = \frac{1}{2}\rho v^2 \cdot (2RL) \qquad (15\text{-}1)$$

其中，ω 为风压；S 为弹箭的迎风面积；ρ 为空气密度；v 为风速；R 为弹箭的半径；L 为弹箭的长度。

由能量守恒原理可以求解得到安全风载荷计算公式：

$$F_{wc} = mg(\sqrt{h^2 + r^2} - h)/r \qquad (15\text{-}2)$$

其中，r 为支点到质心投影面的垂直距离（见图 15-2）；m 为弹箭质量；h 为弹箭的质心高度。

联立式（15-1）和式（15-2）可以得到临界风速计算公式：

$$v = \sqrt{\frac{mg(\sqrt{h^2 + r^2} - h)}{\rho R L r}} \qquad (15\text{-}3)$$

图 15-1　受侧向风后倒过程力学模型

考虑风向不同，支点处的受力状态也不同，因此分别将风载荷 F_w 投影到 x_1 和 x_2 方向，得到对应的风载荷，如图 15-3 所示。其中，x_1 方向的临界风速计算方式与式（15-3）的一致；x_2 方向的临界风用 R 替换 r 代入式（15-3）进行计算。

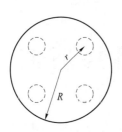

图 15-2　支架布局示意图

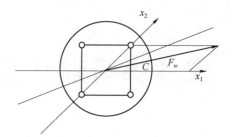

图 15-3　风载荷分解示意图

对任意方向的风载荷进行投影，分析发现，绕 x_1 轴逆时针小于 $22.5°$ 的风载荷，总先在 x_1 方向达到临界值。由几何关系可得安全风载荷计算公式为：

$$F_{wc} = \sqrt{\left(\frac{x\tan C}{1-\tan C}\right)^2 + \left(\frac{x}{1-\tan C}\right)^2}$$（15-4）

在 $22.5°\sim45°$，总在 x_2 方向先达到最大值，其计算公式为：

$$F_{wc} = \sqrt{\left(\frac{y}{\tan C}\right)^2 + y^2}$$（15-5）

15.2　计算过程的 MATLAB 实现

根据得到的临界风速计算公式，可以编制 GUI 程序，便于用户操作，将计算结果可视化。

使用 handles 句柄可以传递用户输入的参数。

句法

　　handles.metricdata.untitled1

说明

　　handles 包括了窗口中所有控件的句柄。

　　handles.metricdata 为在不同函数中传递控件的数据。

　　untitled1 为控件的名称。

最终形成的 GUI 界面如图 15-4 所示。

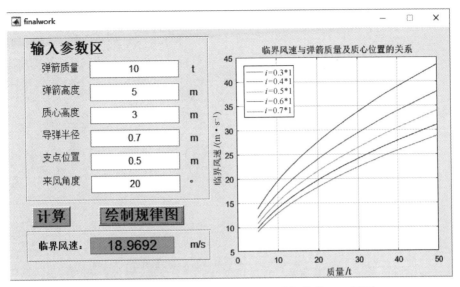

图 15-4　弹箭起竖发射临界风速与影响规律的 GUI 界面

　　实现弹箭起竖发射临界风速的主体求解程序如下。

```
% --- Executes on button press in result.
function result_Callback(hObject, eventdata, handles)
a=handles.metricdata.m*9.8*(sqrt(handles.metricdata.h^2+handles.metricdata.r^
2)-handles.metricdata.h)/handles.metricdata.r;          % x 方向最大风载荷
b=handles.metricdata.m*9.8*(sqrt(handles.metricdata.h^2+2*handles.metricdata.
r^2)-handles.metricdata.h)/(1.414*handles.metricdata.r);
                                                         % y 方向最大风载荷

% 不同角度进行计算
 if handles.metricdata.x<=22.5                           % 计算 x 方向最大风载荷
g = a*tan(pi*handles.metricdata.x/180)/(1-tan(pi*handles.metricdata. x/180));
f=sqrt((g+a)^2+a^2);                                     % 计算 x 方向安全风载荷
 else                                                    % 计算 y 方向最大风载荷
g = b*tan(pi*handles.metricdata.x/180);
f=sqrt(g^2+b^2);                                         % 计算 y 方向安全风载荷
 end
one=sqrt(f/(handles.metricdata.l*handles.metricdata.rr*0.012));
                                                         % 计算临界风速
set(handles.one, 'String',one)
```

　　本 GUI 程序计算并绘制了临界风速与弹箭质量及质心位置的规律曲线，其核心程序如下。

```
% --- Executes on button press in pushbutton3.
function pushbutton3_Callback(hObject, eventdata, handles)
% hObject    handle to pushbutton3 (see GCBO)
% eventdata  reserved - to be defined in a future version of MATLAB
% handles    structure with handles and user data (see GUIDATA)
```

```
for z=0.3:0.1:0.7;                              % i 表示质心高度占弹箭长度的比例
  x=5:1:50;                                              % 弹箭质量变量
b=sqrt((z*handles.metricdata.l)^2+handles.metricdata.r^2);
a=x*9.8*(b-z*handles.metricdata.l)/handles.metricdata.r;
y=sqrt(a/(handles.metricdata.l*handles.metricdata.rr*0.012));
                                                        % 临界风速计算公式
axes(handles.axes1);
plot(x,y);
hold on;
end
title('临界风速与弹箭质量及质心位置的关系');
grid on;

xlabel('质量(t)');
ylabel('临界风速 (m/s)');
legend('i=0.3*l','i=0.4*l','i=0.5*l','i=0.6*l','i=0.7*l','Location','NorthWest')
;
```

思考题

（1）若考虑风阻系数随风速、弹径变化的影响，则应如何计算临界风速？

（2）考虑弹箭支架不处于同一平面，尝试建立临界风速的计算模型，并探讨其影响规律。

第 **16** 章

计算发射平台上弹箭
倾倒后的运动规律

在起竖后待发射过程中，无发射筒的弹箭在平台上依靠自身重力呈竖直状态，若因平台不稳定或受外力（如爆炸冲击波或风载荷）作用而发生倾倒并撞击地面，一旦引发弹箭内部含能材料发生不可控的化学反应，将造成人员伤亡和装备损毁等灾难性后果。针对发射平台上弹箭意外倾倒问题，研究倾倒坠地过程中弹箭的运动规律，获得典型工况下弹箭触地瞬间的速度、加速度等信息，可为弹箭使用安全性评估和风险防控提供输入条件。

本章研究建立了风载荷作用下弹箭在发射平台上发生倾倒的运动学模型，将该过程分解为两个阶段并分别建立了运动学方程，采用 ode45 函数求解运动学方程，并设计了 GUI 程序，实现了弹箭倾倒过程的可视化模拟。

16.1 弹箭倾倒运动模型

在起竖待发射状态下，弹箭发射平台一般由多个支腿支撑（图 16-1），若发射平台未调平或受到较大风载荷作用，弹箭可能发生倾倒并撞击地面，不仅导致发射任务失败，还有可能引发严重的安全事故。

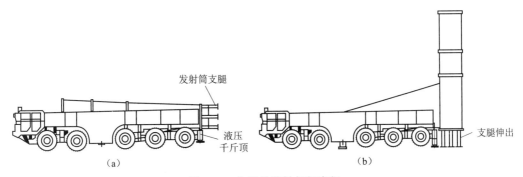

图 16-1 典型的发射起竖流程
（a）近似水平的运输状态；（b）竖直状态

本章考虑外载荷作用下弹箭的倾倒过程，将弹头简化为质量为 m_1、直径为 ϕ、高为 h_1 的圆锥体，将弹体简化为质量为 m_2、直径为 ϕ、高为 h_2 的圆柱体，质量均匀分布。简化模型如图 16-2 所示。

将倾倒过程分为两个阶段：无滑动的定轴转动和既滑动又旋转的平面运动。其受力分析如图 16-3 所示。

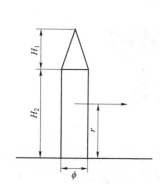

图 16-2　弹箭模型简化示意图

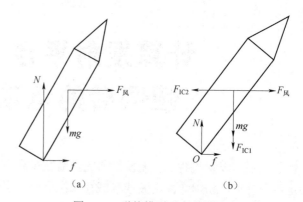

图 16-3　弹箭模型受力分析图

（a）无滑动的定轴转动；（b）既滑动又转动的平面运动

在该系统中有两个运动学变量：弹体旋转角度 θ 和滑动位移 x，利用达朗贝尔原理，可得到第一阶段的运动学方程为

$$\begin{cases} y_1 = \theta \\ y_2 = -\left[OC \cdot 0.5v^2 pS \sin(y_1 - \beta) \sin y_1 - OC \cdot mg \dfrac{\cos y_1}{J_P} \right] \end{cases} \quad (16\text{-}1)$$

其中，OC 为质心 C 到支点 O 的距离；v 为风速；p 为风压；S 为竖直时的迎风面积；β 为弹头圆锥角度；m 为弹箭质量；g 为重力加速度；J_P 为弹箭对速度瞬心 P 的转动惯量。

第二阶段的运动学方程为

$$\begin{cases} y_1 = 0 \\ y_2 = \dfrac{PC \cdot mg \cos y_1 + PC^2 \cdot m \sin y_1 y_2^2}{PC^2 \cdot m \sin y_1^2} + \dfrac{uJ_C \sin y_1}{\cos y_1 - u \sin y_1 + J_C} \\ y_3 = x \\ y_4 = \dfrac{uJ_C y_2}{mPC(\cos y_1 - u \sin y_1)} + \dfrac{0.5v^2 p(2rH_2 + rH_1)\sin(y_1 - \beta)}{m} \end{cases} \quad (16\text{-}2)$$

其中，PC 为速度瞬心 P 与质心 C 的距离；J_C 为弹箭对质心 C 的转动惯量；u 为弹箭对地面的等效摩擦系数。

16.2　运动学方程求解过程的 MATLAB 实现

运动学方程（16-1）和方程（16-2）为二阶常微分方程，可通过 ode45 函数求解。对应倾倒过程的第一阶段（无滑动的定轴转动）编制自定义函数 function k= qingdao_fun1(t, y,

flag, j0, oc, v, r, m, g, l, p, H1, H2, c)，并存为文件 qingdao_fun1.m，以方便 GUI 主程序调用，
代码如下：

```
%%=======================================================================%
%% 文件名：qingdao_fun1.m
%% 功能：求解倾倒第一阶段的运动学方程的子函数
%%=======================================================================%
function k=qingdao_fun1(t,y,flag,j0,oc,v,r,m,g,l,p,H1,H2,c)
k = [y(2);
    -(oc*0.5*v^2*p*(2*r*H2+r*H1)*sin(y(1)-atan(r/c))*sin(y(1))...
    -oc*m*g*cos(y(1))/j0)];
```

对应倾倒第二阶段（又滑动又旋转的平面运动）编制自定义函数 function k=qingdao_
fun2(t, y, flag, j0, jc, oc, v, r, m, g, l, p, u, H1, H2, c)，代码如下：

```
%%=======================================================================%
%% 文件名：qingdao_fun2.m
%% 功能：求解倾倒第二阶段的运动学方程的子函数
%%=======================================================================%
function k=qingdao_fun2(t,y,flag,j0,jc,oc,v,r,m,g,l,p,u,H1,H2,c)
k=[y(2);
    (oc*m*g*cos(y(1))+oc^2*m*sin(y(1))*(y(2))^2)/(oc^2*m*(sin(y(1)))^2+...
    u*jc*sin(y(1))/(cos(y(1))-u*sin(y(1)))+j0);
    y(4);
  u*jc*((oc*m*g*cos(y(1))+oc^2*m*sin(y(1))*(y(2))^2)/...
  (oc^2*m*(sin(y(1)))^2+...
  u*jc*sin(y(1))/(cos(y(1))-u*sin(y(1)))+j0)/...
  (m*oc*(cos(y(1))-u*sin(y(1))))+0.5*v^2*p*(2*r*H2+r*H1)*...
sin(y(1)-atan(r/c))/m];
```

16.3　弹箭倾倒过程的图形化编程

在图形化界面中，需要设计用户输入区、操作区、输出数据区和动画显示区，可以通过
添加"按钮组/uibuttongroup"控件合理分割各区。界面的文本使用"静态文本/text"控件显
示到用户界面，用户输入数据用"可编辑文本/edit"控件进行数据传递，用户操作指令用"按
钮/pushbutton"控件进行命令操作，输出弹箭倾倒过程用"坐标轴/axes"控件进行图像绘制。
形成的图形化用户界面如图 16-4 所示。

在该算例中，为准确描述弹箭的倾倒过程，考虑了较多的输入参数，例如弹体和弹头各
自的质量和长度等，因此要求用户输入的参数也较多。在 GUI 界面设计中，有必要进行 GUI
界面的初始化设置，用到的命令为 set 命令。

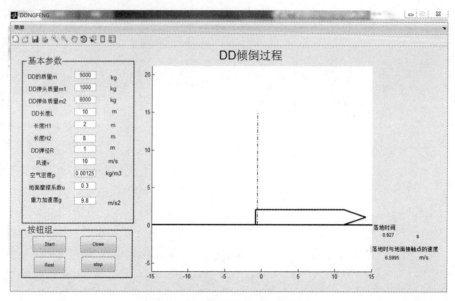

图 16-4   导弹倾倒图形化用户界面

句法

    set(handles.m,'String',handles.metricdata.m)

说明

    set 函数可以将某一字符串赋值到目标控件。

    handles.m 为目标控件 m 的句柄。

    'String'表示数据类型为字符串。

    handles.metricdata.m 表示某一数据。

初始化函数命令如下：

```
% -------------------------------------------------------------------
function initialize_gui(fig_handle, handles, isreset)
% If the metricdata field is present and the reset flag is false, it means
% we are we are just re-initializing a GUI by calling it from the cmd line
% while it is up. So, bail out as we dont want to reset the data.
if isfield(handles, 'metricdata') && ~isreset
    return;
end
% 变量重置值
handles.metricdata.m = 9000;
handles.metricdata.m1 = 1000;
handles.metricdata.m2 = 8000;
handles.metricdata.l = 10;
handles.metricdata.H1 = ?;
handles.metricdata.H2 = 8;
```

```
handles.metricdata.r = 1;
handles.metricdata.v = 10;
handles.metricdata.p = 0.00125;
handles.metricdata.u = 0.3;
handles.metricdata.g = 9.8;
% 将设置的变量值赋到对应数据句柄中
set(handles.m, 'String', handles.metricdata.m);
set(handles.m1, 'String', handles.metricdata.m1);
set(handles.m2, 'String', handles.metricdata.m2);
set(handles.l, 'String', handles.metricdata.l);
set(handles.H1, 'String', handles.metricdata.H1);
set(handles.H2, 'String', handles.metricdata.H2);
set(handles.r, 'String', handles.metricdata.r);
set(handles.v, 'String', handles.metricdata.v);
set(handles.p, 'String', handles.metricdata.p);
set(handles.u, 'String', handles.metricdata.u);
set(handles.g, 'String', handles.metricdata.g);
% Update handles structure
guidata(handles.figure1, handles);
```

实现弹箭倾倒的求解程序主体内容如下：

```
% --- Executes on button press in start.
function start_Callback(hObject, eventdata, handles)
% hObject    handle to start (see GCBO)
% eventdata  reserved - to be defined in a future version of MATLAB
% handles    structure with handles and user data (see GUIDATA)
cla;
%set(handles.Tofend, 'String', 0);
%set(handles.voc, 'String', 0);
global m;
m = handles.metricdata.m;
global m1;
m1 = handles.metricdata.m1;
global m2;
m2 = handles.metricdata.m2;
global l;
l = handles.metricdata.l;
global H1;
H1 = handles.metricdata.H1;
global H2;
H2 = handles.metricdata.H2;
global r;
r = handles.metricdata.r;
global v;
```

```
v = handles.metricdata.v;
global p;
p = handles.metricdata.p;
global u;
u = handles.metricdata.u;
global g;
g = handles.metricdata.g;
% 求质心
c=(0.5*H2*m2+(H2+0.25*H1)*m1)/(m2+m1);
% 倾倒第一阶段
[t,y]=ode45('qingdao_fun1',(0:0.001:1),[pi/2+atan(r/c),0],...
    [],m2*(12*r^2+H2^2)/12+m2*(c-H2/2)^2+0.6*m1*(r^2+H1^2)+m1*(H1+H2-c)^2,...
    sqrt(c^2+r^2),v,r,m,g,l,p,H1,H2,c);
axis equal;
hold on;
% 计算坐标点
x1 =H2*cos(y(:,1)-atan(r/c));
y1 =H2*sin(y(:,1)-atan(r/c));
x2 =2*r*cos(0.5*pi-atan(r/c)+y(:,1));
y2 =2*r*sin(0.5*pi-atan(r/c)+y(:,1));
x3=sqrt(4*r^2+(H2)^2)*cos(y(:,1));
y3=sqrt(4*r^2+(H2)^2)*sin(y(:,1));
x4 =sqrt(l^2+r^2)*cos(y(:,1)+atan(r/l)-atan(r/c));
y4 =sqrt(l^2+r^2)*sin(y(:,1)+atan(r/l)-atan(r/c));
% 绘制弹箭轮廓线
line1=line([-15,15],[0,0],'linewidth',2,'color',[0 0 0]);
line2=line([0,0],[0,15],'linewidth',1,'linestyle','-.','color',[0 0 0]);
pole1=line([0,0],[x1(1),y1(1)],'color',[0,0,0],'linestyle','-',...
    'linewidth',2,'erasemode','xor');
pole2=line([0,0],[x2(1),y2(1)],'color',[0,0,0],'linestyle','-',...
    'linewidth',2,'erasemode','xor');
pole3=line([x2(1),y2(1)],[x3(1),y3(1)],'color',[0,0,0],'linestyle','-',...
    'linewidth',2,'erasemode','xor');
pole4=line([x3(1),y3(1)],[x4(1),y4(1)],'color',[0,0,0],'linestyle','-',...
    'linewidth',2,'erasemode','xor');
pole5=line([x4(1),y4(1)],[x1(1),y1(1)],'color',[0,0,0],'linestyle','-',...
    'linewidth',2,'erasemode','xor');
s=newton(0.24);
 for k = 1:size(t,1)
    k=k+1;
   if ((y(k,1)-s)<0.001)
      break;
   end;
```

```
    set(pole1,'xdata',[0,x1(k)],'ydata',[0,y1(k)]);
    set(pole2,'xdata',[0,x2(k)],'ydata',[0,y2(k)]);
    set(pole3,'xdata',[x2(k),x3(k)],'ydata',[y2(k),y3(k)]);
    set(pole4,'xdata',[x3(k),x4(k)],'ydata',[y3(k),y4(k)]);
    set(pole5,'xdata',[x4(k),x1(k)],'ydata',[y4(k),y1(k)]);
    drawnow;
end
cla;
% 倾倒第二阶段
[t,y]=ode45('qingdao_fun2',(0.001*k:0.001:1.2),[y(k,1),y(k,2),0,0],[],...
    m2*(12*r^2+H2^2)/12+m2*(c-H2/2)^2+0.6*m1*(r^2+H1^2)+m1*(H1+H2-c)^2,...
    (m2+0.6*m1)*r^2+(m2*H2^2)/3+1.6*m1*H1^2+2*m1*H1*H2+m1*H2^2,...
sqrt(c^2+r^2),v,r,m,g,l,p,u,H1,H2,c);
axis equal;
hold on;
% 计算坐标点
x1=-y(:,3);
y1=0;
x2=H2*cos(y(:,1)-atan(r/c))-y(:,3);
y2=H2*sin(y(:,1)-atan(r/c));
x3=-2*r*cos(0.5*pi-y(:,1)+atan(r/c))-y(:,3);
y3=2*r*sin(0.5*pi-y(:,1)+atan(r/c));
x4=sqrt(4*r^2+H2^2)*cos(y(:,1)+atan(2*r/H2)-atan(r/c))-y(:,3);
y4=sqrt(4*r^2+H2^2)*sin(y(:,1)+atan(2*r/H2)-atan(r/c));
x5=sqrt(l^2+r^2)*cos(y(:,1)-atan(r/c)+atan(r/l))-y(:,3);
y5=sqrt(l^2+r^2)*sin(y(:,1)-atan(r/c)+atan(r/l));
% 绘制弹箭轮廓线
line1=line([-15,15],[0,0],'linewidth',2,'color',[0 0 0]);
line2=line([0,0],[0,15],'linewidth',1,'linestyle','-.','color',[0 0 0]);
pole1=line([x1(1),x2(1)],[0,y2(1)],'color',[0,0,0],'linestyle','-',...
    'linewidth',2,'erasemode','xor');
pole2=line([x1(1),x3(1)],[0,y3(1)],'color',[0,0,0],'linestyle','-',...
    'linewidth',2,'erasemode','xor');
pole3=line([x3(1),x4(1)],[y3(1),y4(1)],'color',[0,0,0],'linestyle','-',...
    'linewidth',2,'erasemode','xor');
pole4=line([x4(1),x5(1)],[y4(1),y5(1)],'color',[0,0,0],'linestyle','-',...
    'linewidth',2,'erasemode','xor');
pole5=line([x5(1),x2(1)],[y5(1),y2(1)],'color',[0,0,0],'linestyle','-',...
    'linewidth',2,'erasemode','xor');
for i=1:size(t,1)
    if (y(i,1)-atan(r/c))<0
        break;
    else
```

```
    set(pole1,'xdata',[x1(i),x2(i)],'ydata',[0,y2(i)]);
    set(pole2,'xdata',[x1(i),x3(i)],'ydata',[0,y3(i)]);
    set(pole3,'xdata',[x3(i),x4(i)],'ydata',[y3(i),y4(i)]);
    set(pole4,'xdata',[x4(i),x5(i)],'ydata',[y4(i),y5(i)]);
    set(pole5,'xdata',[x5(i),x2(i)],'ydata',[y5(i),y2(i)]);
    drawnow;
    end
end
%计算落地时间
set(handles.tc,'String',i/1000+k/1000);
vc1=y(i,4);
vc2=y(i,2)*sqrt(c^2+r^2);
vc=sqrt(vc1^2+vc2^2);
set(handles.voc, 'String', vc);
plot(y(i,3));
```

思考题

（1）针对弹箭发射平台未调节，4个支腿不处于同一水平面导致弹箭倾倒的情形，建模并分析弹箭的运动规律。

（2）尝试建模求解弹箭起竖后倾倒撞击地面的冲击力，并分析哪些因素会影响坠撞瞬时速度和冲击力的大小。

第 **17** 章

计算弹箭吊装意外跌落的运动规律

弹箭武器在吊装转载过程中，有可能因吊索脱落或断裂而导致其意外跌落、坠落并撞击地面，一旦引发其燃烧甚至爆炸反应，将造成人员伤亡和装备损毁等灾难性后果。研究表明，通过安全性设计与评估研究，可以有效提高弹箭武器的使用安全性。针对弹箭意外跌落事件，研究跌落过程中弹箭的运动规律，获得弹箭触地瞬间的速度、加速度、角速度和角加速度等运动学参数，可为弹箭的安全性设计与评估提供输入条件。

本章研究建立了单侧吊索脱落时弹箭简化力学模型和运动学控制方程，应用 ode45 命令求解计算，得到了意外跌落过程中弹箭的运动规律，以及触地瞬间弹箭的姿态角、速度和加速度等力学量，并编程实现了弹箭跌落过程的可视化。

17.1 单侧吊索脱落简化力学模型和常微分方程

一般地，在头体对接、整弹转载和弹筒装填等过程中，需要对弹箭进行吊装操作，如图 17-1 所示。在吊装过程中，有时因双吊车运行不同步、吊索断裂或包带脱落等问题，可能导致弹箭跌落并坠撞地面，进而引发安全事故。

图 17-1 典型的吊装过程

本章仅考虑单侧吊索脱落工况，对弹箭的质心运动进行运动学分析，进而得到整弹的运动规律。首先建立单侧吊索脱落时弹箭简化力学模型，即双吊索悬挂的弹箭，弹箭结构为圆柱和圆锥构成的组合体，忽略吊索和弹箭之间的相对滑动，如图 17-2 所示。

通过对该系统进行运动学分析可知，绳索一直处于拉力状态，因此可将弹箭和绳索简化为质量均匀的刚性杆 BC 和 OA，其质心分别为 C_2 和 C_1，连接方式均为铰接。在右侧绳索断裂瞬时，左侧绳索和弹箭的角速度都为零。设绳索和竖直平面的夹角为 θ，弹箭和水平平面的夹角为 φ，绳索和弹箭的角加速度分别为 α_1 和 α_2。其受力分析如图 17-3 所示。

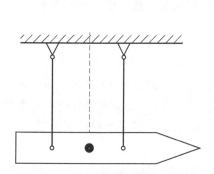

图 17-2　弹箭吊装模型简化示意图

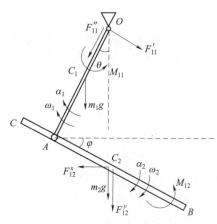

图 17-3　模型系统的受力分析图

利用达朗贝尔原理，可得到吊索和弹箭质心处的角加速度 α_1 和 α_2 解析表达式，即得到了单侧吊索脱落时弹箭的运动学控制方程：

$$\alpha_1 = \frac{(J_{C2} + m_2 l_2^2)\left[m_1 g \dfrac{l_1}{2}\sin\theta + m_2 g l_1 \sin\theta + m_2 l_1 l_2 \omega_2^2 \cos(\varphi-\theta)\right]}{m_2 l_1^2 l_2^2 [\sin^2(\varphi-\theta)-1] - \dfrac{1}{3}m_1 m_2 l_1^2 l_2^2 - J_{C2}\left(\dfrac{1}{3}m_1 l_1^2 + m_2 l_1^2\right)} +$$

$$\frac{m_2 l_1 l_2 \sin(\varphi-\theta)[m_2 g l_2 \cos\varphi - m_2 l_1 l_2 \omega_1^2 \cos(\varphi+\theta)]}{m_2 l_1^2 l_2^2 [\sin^2(\varphi-\theta)-1] - \dfrac{1}{3}m_1 m_2 l_1^2 l_2^2 - J_{C2}\left(\dfrac{1}{3}m_1 l_1^2 + m_2 l_1^2\right)}$$

$$\alpha_2 = \frac{m_2 l_1 l_2 \sin(\varphi-\theta)\left[-m_1 g \dfrac{l_1}{2}\sin\theta - m_2 l_2 \sin\theta(g + \omega_1^2 l_1\right.}{m_2 l_1^2 l_2^2 [\sin^2(\varphi-\theta)-1] -} \quad \rightarrow \qquad (17\text{-}1)$$

$$\leftarrow \frac{\left.\cos\theta + \omega_2^2 l_2 \sin\varphi) + m_2 l_1 \cos\theta(\omega_1^2 l_1 \sin\theta - \omega_2^2 l_2 \cos\varphi)\right]}{\dfrac{1}{3}m_1 m_2 l_1^2 l_2^2 - J_{C2}\left(\dfrac{1}{3}m_1 l_1^2 + m_2 l_1^2\right)} -$$

$$\frac{\left(\dfrac{1}{3}m_1 l_1^2 + m_2 l_1^2\right)\left[m_2 l_2 \cos\varphi(g + \omega_1^2 l_1 \cos\theta + \omega_2^2 l_2 \sin\varphi) + \right.}{m_2 l_1^2 l_2^2 [\sin^2(\varphi-\theta)-1] -} \quad \rightarrow$$

$$\leftarrow \frac{\left. m_2 l_2 \sin\varphi(\omega_1^2 l_1 \sin\theta - \omega_2^2 l_2 \cos\varphi)\right]}{\dfrac{1}{3}m_1 m_2 l_1^2 l_2^2 - J_{C2}\left(\dfrac{1}{3}m_1 l_1^2 + m_2 l_1^2\right)}$$

17.2 运动学方程求解过程的 MATLAB 实现

运动学控制方程（17-1）为二阶常微分方程，可通过 ode45 函数求解。编制自定义函数 function k=DD_fun(~,y,~,m1,m2,g,l1,l2,Jc)，并存为文件 DD_fun.m，以方便 GUI 主程序调用。代码如下：

```
%==================================================================
%% 文件名：DD_fun.m
%% 功能：求解弹箭单侧吊索断裂并意外跌落的运动学方程
%==================================================================
function k =DD_fun(~,y,~,m1,m2,g,l1,l2,Jc)
k = [y(2);
   (-(Jc+m2*l2*l2)*(m1*g*l1*sin(y(1))/2-m2*(l2*cos(y(3))-l1* sin(y(1)))*...
   (g+y(2)^2*l1*cos(y(1))+y(4)^2*l2*sin(y(3)))-m2*(l1*cos(y(1))-l2*
sin(y(3)))*...
   (y(2)^2*l1*sin(y(1))-y(4)^2*l2*cos(y(3)))+(Jc+m2*l2*l2+m2*l1*
l2*sin(y(3)-y(1)))*...
   (-m2*l2*g*cos(y(3))-y(2)^2*m2*l1*l2*cos(y(1)-y(3))))/((m1*
(l1^2)/3+m2*l1*l1+...
   m2*l1*l2*sin(y(3)-y(1)))*(Jc+m2*l2*l2)-(Jc+m2*l2*l2+m2*l1*l2*
sin(y(3)-y(1)))*...
   (m2*l1*l2*sin(y(3)-y(1))));
   y(4);
   (-(m2*l1*l2*sin(y(3)-y(1)))*(m1*g*l1*sin(y(1))/2-m2*(l2*
cos(y(3))-l1*sin(y(1)))*...
   (g+y(2)^2*l1*cos(y(1))+y(4)^2*l2*sin(y(3)))-m2*(l1*cos(y(1))-l2*
sin(y(3)))*...
   (y(2)^2*l1*sin(y(1))-y(4)^2*l2*cos(y(3)))+(m1*(l1^2)/3+m2*l1*
l1+m2*l1*l2*...
   sin(y(3)-y(1)))*(-m2*l2*g*cos(y(3))-y(2)^2*m2*l1*l2*cos(y(1)-
y(3))))/(( Jc+m2*l2*...
   l2+m2*l1*l2*sin(y(3)-y(1)))*( m2*l1*l2*sin(y(3)-y(1)))-( m1*
(l1^2)/3+m2*l1*l1+...
   m2*l1*l2*sin(y(3)-y(1)))*(Jc+m2*l2*l2))];
```

17.3 吊装跌落过程的图形化编程

在图形化界面中，为使弹箭的跌落过程更加形象，在画布中绘制弹箭轮廓。首先，应用自定义函数 function k=DD_fun(~,y,~,m1,m2,g,l1,l2,Jc)，可求解获得不同时刻弹箭质心的位置参数；然后，利用质心和弹箭轮廓上各点的相对位置关系，绘制某一时刻的弹箭轮廓控制点，将各个轮廓控制点连接，即可形成该时刻吊索和弹箭轮廓。依此法可获得各个时刻吊索和弹箭轮廓的空间位置参数，从而实现吊装跌落过程的动态显示。

句法

    pl=line(X,Y)

说明

    line 函数可以绘制两点之间的线段。

    X：［起点横坐标，终点横坐标］。

    Y：［起点纵坐标，终点纵坐标］。

形成的图形化用户界面如图 17-4 所示。

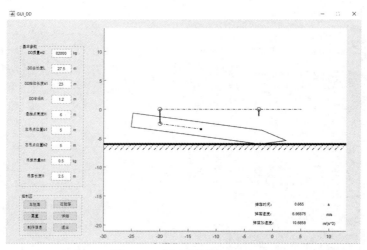

图 17-4　左侧跌落算例演示

运算结束后，可以输出弹箭的质心运动轨迹，如图 17-5 所示。

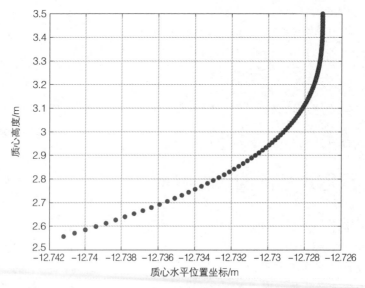

图 17-5　左侧跌落算例计算得到质心运动轨迹

计算弹箭质心的速度与加速度曲线，有助于得到触地瞬间的速度与加速度等信息，如图 17-6 和图 17-7 所示。

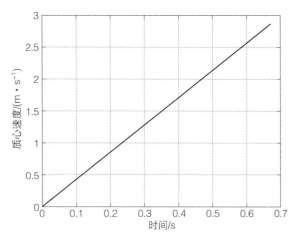

图 17-6　左侧跌落算例计算得到质心速度变化曲线

使用 get 命令可以得到可编辑文本框中用户输入的数值。

句法

    m2=str2double(get(handles.m2,'String'))

说明

    get 函数可得到可编辑文本框中的字符串。

    str2double 函数将字符串转变为双精度数值。

    handles.m2 为可编辑文本框 "m2" 的句柄。

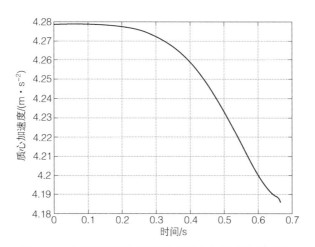

图 17-7　左侧跌落算例计算得到质心加速度变化曲线

实现弹箭吊装意外跌落的求解程序主体内容如下。

```
% --- Executes on button press in calculate.
function calculate_Callback(hObject, eventdata, handles)
% hObject    handle to calculate (see GCBO)
% eventdata  reserved - to be defined in a future version of MATLAB
% handles    structure with handles and user data (see GUIDATA)
axes(handles.axes1);
cla;                                            %清除图像
axis on;                                        %开启坐标轴
set(handles.Tofend, 'String', 0);              %右下角-掉落时间-归零
set(handles.voc, 'String', 0);                 %右下角-掉落速度-归零
set(handles.acc, 'String', 0);                 %右下角-掉落加速度-归零

%% 基本参数
m2  = str2double(get(handles.m2, 'String'));        % DD 质量
L   = str2double(get(handles.L, 'String'));         % DD 长度
a1  = str2double(get(handles.a1, 'String'));        % DD 柱体长度
R   = str2double(get(handles.R, 'String'));         % DD 半径
H   = str2double(get(handles.H, 'String'));         % 吊索悬挂高度
b1  = str2double(get(handles.b1, 'String'));        % 左吊点位置
b2  = str2double(get(handles.b2, 'String'));        % 右吊点位置
m1  = str2double(get(handles.m1, 'String'));        % 吊索质量
l1  = str2double(get(handles.l1, 'String'));        % 吊索长度
g   = 9.8;                                           % 当地重力加速度（默认值）
a2  = L-a1;                                           % （可计算）DD 锥体长度
a3  = (6*a1^2+4*a1*a2+a2^2)/(12*a1+4*a2);           % （可计算）DD 质心位置
l2  = a3-b1;                                          % （可计算）吊点到 DD 质心距离
m21 = 3*a1*m2/(3*a1+a2);                             % （可计算）DD 柱体质量
m22 = 3*a2*m2/(3*a1+a2);                             % （可计算）DD 锥体质量
Jc  = m21*(3*R^2+a1^2)/12+m21*(a3-a1/2)^2+...%（可计算）DD 转动惯量
      3*m22*(4*R^2+a2^2)/80+m22*(a1+a2/4-a3)^2;
[t, y] = ode45('DD_fun',(0:0.005:10), [0,0,0,0],[],m1,m2,g,l1,l2,Jc);
                                                %% 可视化
axis equal;                                     % 使纵横坐标轴刻度长度相等
hold on;                                        % 保持图形
x1 = -20-l1*sin(y(:,1));                         % 铰接坐标 x1
y1 = -l1*cos(y(:,1));                            % 铰接坐标 y1
x2 = x1+l2*cos(y(:,3));                          % 质心坐标 x2
y2 = y1-l2*sin(y(:,3));                          % 质心坐标 y2
x21 = x1-b1*cos(y(:,3))+R*sin(y(:,3));          % DD 五个坐标点坐标值
y21 = y1+R*cos(y(:,3))+b1*sin(y(:,3));
x22 = x1-b1*cos(y(:,3))-R*sin(y(:,3));
y22 = y1-R*cos(y(:,3))+b1*sin(y(:,3));
x23 = x1-R*sin(y(:,3))+(a1-b1)*cos(y(:,3));
```

```
y23 = y1-R*cos(y(:,3))-(a1-b1)*sin(y(:,3));
x25 = x1-b1*cos(y(:,3))+R*sin(y(:,3))+a1*cos(y(:,3));
y25 = y1+R*cos(y(:,3))+b1*sin(y(:,3))-a1*sin(y(:,3));
x24 = (x23+x25)/2+a2*cos(y(:,3));
y24 = (y23+y25)/2-a2*sin(y(:,3));
line1 = line([-20 5],[0,0],'linewidth',1,'linestyle','-.','color',[0 0 0]);
%假想吊钩面
line2 = line([-25-b1,-5+a1-b1],[-H,-H],'linewidth',4,'linestyle','-', 'color',
[0 0 0]);
    for i = (-25-b1):1:(-5+a1-b1-1)           % 假想地面，for 循环绘制地面斜线
        line([i i+1],[-H-1 -H],'linewidth',1,'linestyle','-.','color', [0 0 0])
    end
block1 = line(-20,0,'color',[0 0 1],'marker','o','markersize',...
            8,'erasemode','xor');            % 代表 O₁ 处铰接点（吊索和吊车）
block2 = line(x1(1),y1(1),'color',[0 0 1],'marker','o','markersize',...
            8,'erasemode','xor');             % 代表 A 处铰接点（DD 和吊索）
block3 = line(x2(1),y2(1),'color',[0 0 0],'marker','.',
'markersize',...
            15,'erasemode','xor');             % 代表质心（DD 和吊索）
block4 = line(-20+L-b1-b2,0,'color',[0 0 1],'marker','o','markersize',...
            8,'erasemode','xor');            % 代表断吊索和吊车铰接点
block5 = line(-20+L-b1-b2,-l1,'color',[0 0 1],'marker','o', 'markersize',...
            8,'erasemode','xor');            % 代表断吊索和 DD 铰接点
pole1 = line([x1(1),y1(1)],[-20,0],'color',[0 0 0],...
            'linestyle','-','linewidth',2,'erasemode','xor');
                                            % 吊索初始化
pole3 = line([-20+L-b1-b2,-20+L-b1-b2],[-l1,0],'color',[0 0 0],...
            'linestyle','-','linewidth',2,'erasemode','xor');
                                            % 断裂吊索初始化
pole2 = line([x2(1),y2(1)],[x1(1),y1(1)],'color',[0 0 0],...
            'linestyle','-.','linewidth',1,'erasemode','xor');
                                            % DD 初始化
pole12 = line([x21(1),x22(1)],[y21(1),y22(1)],'color',[0 0 0], 'linestyle',
'-',...
            'linewidth',1,'erasemode','xor');
pole23 = line([x22(1),x23(1)],[y22(1),y23(1)],'color',[0 0 0],
'linestyle','-',...
            'linewidth',1,'erasemode','xor');
pole34 = line([x23(1),x24(1)],[y23(1),y24(1)],'color',[0 0 0],
'linestyle','-',...
            'linewidth',1,'erasemode','xor');
pole45 = line([x24(1),x25(1)],[y24(1),y25(1)],'color',[0 0 0],
'linestyle','-',...
```

```
                  'linewidth',1,'erasemode','xor');
pole51 = line([x25(1),x21(1)],[y25(1),y21(1)],'color',[0 0 0],
'linestyle','-',...
                  'linewidth',1,'erasemode','xor');
for i = 1:size(t,1)                              %判断落地点
    if (y24(i)<=(-H))
        who_down = 4;
        j = i;
        break;
    else
        if (y23(i)<=(-H))
          who_down = 3;
          j = i;
          break;
        end;
    end;
end;


for i = 1:size(t,1)
    if i == j
        break;
    end;
    set(pole1,'xdata',[x1(i),-20],'ydata',[y1(i),0]);
                                             %刷新未断吊索
    set(pole3,'xdata',[-20+L-b1-b2,-20+L-b1-b2],'ydata',[min(-l1+
i/100,0),0]);  %刷新断裂吊索
    set(pole2,'xdata',[x1(i),x2(i)],'ydata',[y1(i),y2(i)]);
                                             %绘制DD质心线
    set(pole12,'xdata',[x21(i),x22(i)],'ydata',[y21(i),y22(i)]);
                                             %DD12连线
    set(pole23,'xdata',[x22(i),x23(i)],'ydata',[y22(i),y23(i)]);
                                             %DD23连线
    set(pole34,'xdata',[x23(i),x24(i)],'ydata',[y23(i),y24(i)]);
                                             %DD34连线
    set(pole45,'xdata',[x24(i),x25(i)],'ydata',[y24(i),y25(i)]);
                                             %DD45连线
    set(pole51,'xdata',[x25(i),x21(i)],'ydata',[y25(i),y21(i)]);
                                             %DD51连线
    set(block2,'xdata',x1(i),'ydata',y1(i));  %刷新左处铰接点位置
set(block3,'xdata',x2(i),'ydata',y2(i));       %刷新质心位置
%% 计算落地时间,根据for循环中判断末值i,由于时间t的步长为0.005,所以应该除以200得Tofend
    set(handles.Tofend, 'String', i/200),
                          % 将末时间值传入Tofend里,并显示
```

```
  if(i >20)                                % 延迟删除断索和 DD 铰接点
      set(block5,'color',[1 1 1],'marker','o','markersize',...
        8,'erasemode','xor');
  end;

  if y24(i)<=(-H)                                 %计算落地速度
      y0 = y24(i);
      x0 = x24(i);
      y01 = y24(i+1);
      x01 = x24(i+1);
  else
      y0 = y23(i);
      x0 = x23(i);
      y01 = y23(i+1);
      x01 = x23(i+1);
  end

  Vnx = y(i,2)*l1*cos(y(i,1)) + y(i,4)*abs(y1(i)-y0);
  Vny = -y(i,2)*l1*sin(y(i,1)) + y(i,4)*abs(x1(i)-x0);
  Vnx1 = y(i+1,2)*l1*cos(y(i+1,1)) + y(i+1,4)*abs(y1(i+1)-y01);
  Vny1 = -y(i+1,2)*l1*sin(y(i+1,1)) + y(i+1,4)*abs(x1(i+1)-x01);
  Anx = 200*(Vnx1-Vnx);
  Any = 200*(Vny1-Vny);
  Vn = sqrt(Vnx^2+Vny^2);
  An = sqrt(Anx^2+Any^2);
  set(handles.voc, 'String', Vn);            %将速度值传入 voc 里，并显示
  set(handles.acc, 'String', An);            %将加速度传入 acc 里，并显示
  drawnow;                                   % 绘图
end

if y24(i)<=(-H)                              % 绘制落地点
 block_down = line(x24(i),-H,'color','r','marker','.','markersize',...
          20);
else
 block_down = line(x23(i),-H,'color','r','marker','.','markersize',...
          20);
end
Figure                                       % 绘制质心运动曲线
for i = 1:size(t,1)
   if i<= j
plot(x2(i),y2(i)+H,'color','r','marker','.','Markersize',15);
title('质心运动轨迹（右侧吊索脱落）');
hold on;
```

```
grid on;
    else break;
    end
end
figure                                           % 绘制质心速度变化曲线
vy = abs(y2(2:i+1)-y2(1:i))/0.005;
vx = abs(x2(2:i+1)-x2(1:i))/0.005;
v = sqrt(vx.^2+vy.^2);
plot(t(1:i),v','color','k');
title('质心速度变化曲线');
ylabel('质心速度 m/s');
xlabel('时间 s');
hold on;
grid on;
figure                                           % 绘制质心加速度变化曲线
ay = abs(vy(2:i)-vy(1:i-1))/0.005;
ax = abs(vx(2:i)-vx(1:i-1))/0.005;
axy = sqrt(ax.^2+ay.^2);
plot(t(1:i-1),axy','color','k');
title('质心加速度变化曲线');
ylabel('质心加速度 m/s^2');
xlabel('时间 s');
hold on;
grid on;
```

 思考题

（1）如果忽略吊索的质量，弹箭的运动规律将如何变化？

（2）尝试建模求解意外跌落导致弹箭撞击地面的冲击力，并分析哪些因素会影响坠撞冲击力的大小。

（3）如果双侧吊索先后脱落，如何建模并分析弹箭的运动规律？

》》》第 **18** 章

求解热冲击作用下弹药的温度场

弹药在贮存、运输或作战准备过程中，若暴露在火源或邻近火源环境中，随着环境温度升高，弹药内部的炸药或推进剂等含能材料会发生热分解和自点火，导致弹药意外爆炸，造成人员伤亡和装备损毁的重大事故。针对弹药热冲击事件，研究传热过程中内部的热量传播过程，获得弹药内部的温度场变化与分布规律，可为弹药的安全性设计与评估提供计算方法和数据。

本章研究建立了热冲击作用时弹药简化热传导模型，应用 PDE 工具箱求解计算并可视化了弹药内部的温度分布。

18.1 弹药热冲击作用下结构模型简化

弹药在热冲击作用下的安全性分析主要包括两个阶段：一是外界热量向弹药内部的传递过程，二是弹药内部含能材料发生的热分解和燃烧等过程，在两者的共同作用下，最终导致弹药内部热量积累，引发快速反应。

外界热量主要以热传导的形式向弹药内部传递，热传导方程在形式上为偏微分方程中的抛物型方程，其形式如下：

$$c_p \rho \left(\frac{\partial u}{\partial t} \right) - \nabla \cdot (k \nabla u) = q_v \tag{18-1}$$

其中，c_p 为定压比热容；ρ 为密度；k 为导热系数；q_v 为热源的热流密度。

弹药内部含能材料装药的自热反应放热过程可用阿伦尼乌斯方程描述，含能材料的反应速率表达式为：

$$\frac{\mathrm{d}\alpha}{\mathrm{d}t} = vf(\alpha) = A\mathrm{e}^{-E/(RT)}f(\alpha) \tag{18-2}$$

其中，v 为化学反应速率常数；A 为指前因子；E 为活化能；T 为温度；R 为气体常数；$f(\alpha)$ 为反应机理函数，$f(\alpha) = (1-\alpha)^n$，n 为反应级数，若假设化学反应为零级放热反应，则 $n=0$，$f(\alpha)=1$。

含能材料的自热源项 S 为含能材料释放能量的速率，因此可表示为：

$$S = \rho QA\mathrm{e}^{-E/(RT)}f(\alpha) \tag{18-3}$$

其中，ρ 为密度；Q 为单位质量释放的能量。

以弹药长度为 0.2 m，直径ϕ0.12 m 为例，将弹药结构简化为钢制外壳、隔热层和药柱。可利用 PDE 工具箱建立二维弹药模型，如图 18-1 所示。

0.1
0.08
0.06
0.04
0.02
0
−0.02
−0.04
−0.06
−0.08
−0.1
y/m
−0.15
−0.1
−0.05
0
0.05
0.1
x/m
1
2
3

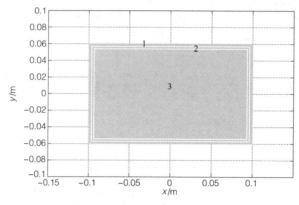

图 18-1　模型简化示意图

图中，1 区域表示钢制外壳；2 区域表示隔热层；3 区域表示药柱。需要注意的是，该弹药为细长形结构，为更清晰地显示弹药内部细节，该图中的横纵坐标比例不一致。

18.2　弹药热冲击作用下传热方程设置

弹药热冲击作用下的温度场主要由热传导方程控制，因此，可利用热传导方程对二维弹药的温度场分布进行求解。在“Options”（选项）→“Application”（应用）中选择“Heat Transfer”（热传导）模型。

首先设置该传热模型的边界条件。PDE 工具箱中的两种边界条件分别为 Neumann 边界条件和 Dirichlet 边界条件。其中，Dirichlet 边界条件为：

$$hT = r \tag{18-4}$$

其中，h 为系数，一般为 1；r 为温度。

假设在热冲击环境下弹体外部环境温度恒定为 T=1 073 K，则 PDE 工具箱中弹药的外边界条件设置如图 18-2 所示。

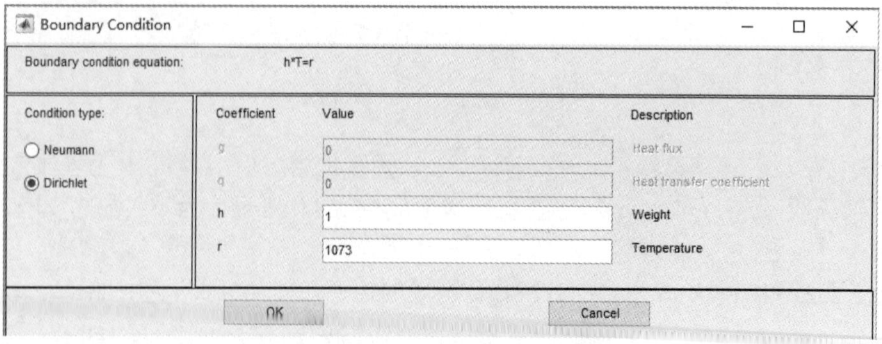

Boundary Condition
Boundary condition equation:
h*T=r
Condition type:
Neumann
Dirichlet
Coefficient
Value
Description
g
0
Heat flux
q
0
Heat transfer coefficient
h
1
Weight
r
1073
Temperature
OK
Cancel

图 18-2　PDE 工具箱边界条件设置

其次，设置该传热模型的热传导控制方程。PDE 工具箱中，针对热传导模型的抛物线方程形式如下：

$$\rho CT - \nabla \cdot (k \nabla T) = Q + h(T_{\text{ext}} - T) \tag{18-5}$$

其中，ρ 为密度；C 为比热容；k 为导热系数；Q 为热源的热流密度；h 为对流传热系数；T_{ext} 为对流传热项中的外部温度。

假设弹药内部没有自放热过程（Q=0），则在 PDE 工具箱中各材料的抛物线方程设置见表 18-1。

表 18-1　各材料参数

材料	密度 ρ/ (kg·m^{-3})	比热容 C/ [J· (kg·K)$^{-1}$]	传热系数 k/ [W·(m^2·K)$^{-1}$]	热源 Q/ (W·m^{-2})	对流传热系数 h/ [W·(m^2·K)$^{-1}$]	外温度 T_{ext}/ K
钢制外壳	7 850	460	50.20	0	1	0
隔热层	1 220	2 000	10.23	0	0	0
装药	1 730	1 760	0.22	0	0	0

例如钢制外壳的热传导偏微分方程设置，如图 18-3 所示。

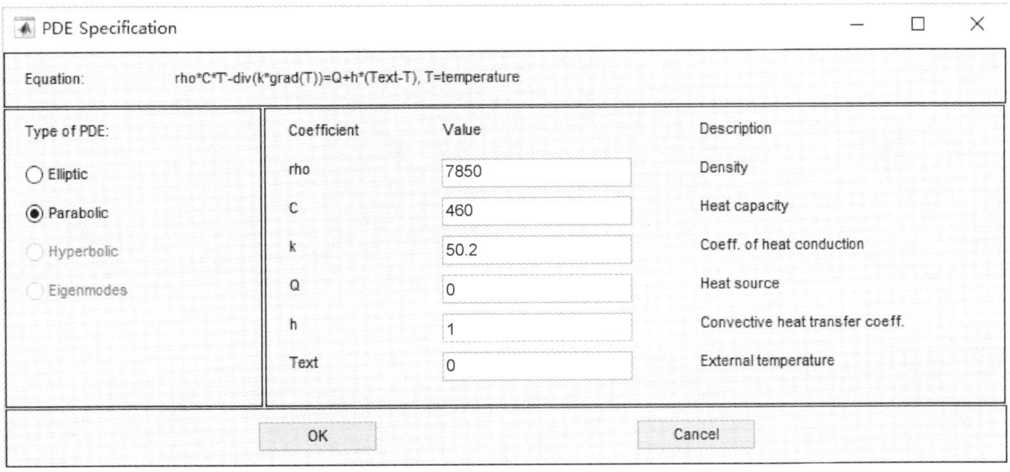

图 18-3　PDE 工具箱中方程设置

18.3　弹药热冲击作用下温度场可视化

进行结构模型、传热条件设置之后，对模型进行网格划分并设置计算条件后，便可利用 PDE 工具箱求解偏微分方程，得到弹药的温度场。

对该传热模型划分网格，如图 18-4 所示。

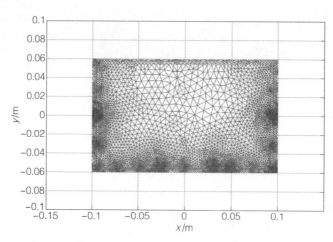

图 18-4　PDE 工具箱中自动网格划分

　　设置初始温度为 298 K，计算时间为 30 s，可以计算得到在预定快速加热环境下，弹药中的温度分布，如图 18-5 所示。

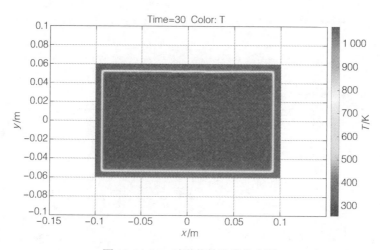

图 18-5　30 s 时弹药的温度分布图

　　由图 18-5 可知，弹药的外壳已经达到 1 000 K 以上，而药柱边缘的温度只有 400 K（即 130 ℃）左右。显然，温度在隔热材料处发生了极大幅度的下降，隔热层也因此几乎完全变成了"彩虹色"。

　　绘制 5 min 时的温度分布图，如图 18-6 所示。

　　可以看出，隔热层极大地阻挡了热量的传递，隔热层的"彩虹区"扩大，对于内部装药而言，其最高温度出现在侧边和端面相接的边角处，因此，若发生剧烈的热分解或者燃烧等反应，此处将最先发生反应。

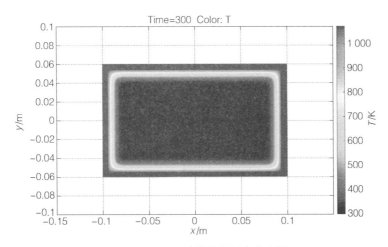

图 18-6 5 min 时弹药的温度分布图

本章 PDE 工具箱对应生成的热冲击作用下弹药温度场求解程序如下：

```
% This script is written and read by pdetool and should NOT be edited.
% There are two recommended alternatives:
% 1) Export the required variables from pdetool and create a MATLAB script
%    to perform operations on these.
% 2) Define the problem completely using a MATLAB script. See
%    http://www.mathworks.com/help/pde/examples/index.html for examples
%    of this approach.
function pdemodel
[pde_fig,ax]=pdeinit;
pdetool('appl_cb',9);
set(ax,'DataAspectRatio',[1 1.0000000000000002 1]);
set(ax,'PlotBoxAspectRatio',[1.4999999999999998 0.99999999999999978 10]);
set(ax,'XLim',[-0.1499999999999999 0.14999999999999999]);
set(ax,'YLim',[-0.1000000000000001 0.10000000000000001]);
set(ax,'XTickMode','auto');
set(ax,'YTickMode','auto');
pdetool('gridon','on');

% Geometry description:
pderect([-0.099999999999999992        0.10000000000000001        0.059999999999999998
-0.060000000000000005],'R1');
pderect([-0.096710526315789441        0.096710526315789497        0.057072368421052622
-0.05674342105263161],'R2');
pderect([-0.094078947368421012        0.093421052631578988        0.053782894736842113
-0.054769736842105288],'R3');
set(findobj(get(pde_fig,'Children'),'Tag','PDEEval'),'String','R1+R2+R3')

% Boundary conditions:
```

```
pdetool('changemode',0)
pdesetbd(8,...
'dir',...
1,...
'1',...
'1073')
pdesetbd(7,...
'dir',...
1,...
'1',...
'1073')
pdesetbd(2,...
'dir',...
1,...
'1',...
'1073')
pdesetbd(1,...
'dir',...
1,...
'1',...
'1073')

% Mesh generation:
setappdata(pde_fig,'Hgrad',1.3);
setappdata(pde_fig,'refinemethod','regular');
setappdata(pde_fig,'jiggle',char('on','mean',''));
setappdata(pde_fig,'MesherVersion','preR2013a');
pdetool('initmesh')
pdetool('refine')
pdetool('refine')

% PDE coefficients:
pdeseteq(2,...
'50.2!10.23!0.22',...
'1!0!0',...
'(0)+(1).*(0)!(0)+(0).*(0)!(0)+(0).*(0)',...
'(7850).*(460)!(1220).*(2000)!(1730).*(1760)',...
'0:600',...
'298',...
'0.0',...
'[0 100]')
setappdata(pde_fig,'currparam',...
['7850!1220!1730 ';...
```

```
'460!2000!1760  ';...
'50.2!10.23!0.22';...
'0!0!0         ';...
'1!0!0         ';...
'0!0!0         '])

% Solve parameters:
setappdata(pde_fig,'solveparam',...
char('0','74088','10','pdeadworst',...
'0.5','longest','0','1E-4','','fixed','Inf'))

% Plotflags and user data strings:
setappdata(pde_fig,'plotflags',[1 1 1 1 1 1 7 1 0 0 0 301 1 0 0 0 0 1]);
setappdata(pde_fig,'colstring','');
setappdata(pde_fig,'arrowstring','');
setappdata(pde_fig,'deformstring','');
setappdata(pde_fig,'heightstring','');

% Solve PDE:
pdetool('solve')
```

思考题

（1）如果改变隔热层厚度或材料参数，弹药的温度场分布将如何变化？

（2）如果弹药各处的温度边界不一致，如何建模并分析弹药的温度场？

（3）考虑含能材料自放热的影响，尝试建立热冲击作用下弹药温度场的分布规律，并分析哪些因素会影响弹药自放热剧烈程度。

参 考 文 献

［1］彭芳麟，管靖，胡静，等. 理论力学计算机模拟［M］. 北京：清华大学出版社，2002.

［2］张威. MATLAB 基础与编程入门［M］. 西安：西安电子科技大学出版社，2004.

［3］张志涌. 精通 matlab R2011a［M］. 北京：北京航空航天出版社，2011.

［4］梅凤翔，周际平，水小平. 工程力学［M］. 北京：高等教育出版社，2003.

［5］徐芝纶. 弹性力学（第 4 版）［M］. 北京：高等教育出版社，2006.

［6］戴福隆，沈观林，谢惠民. 实验力学［M］. 北京：清华大学出版社，2010.

［7］雷振坤. 结构分析数字光测力学［M］. 大连：大连理工大学出版社，2012.

［8］王敏中. 关于"平面弹性悬臂梁剪切挠度问题"［J］. 力学与实践，2004（26）：66-68.

［9］CMU 1394 Digital Camera Driver ［EB/OL］. http://www.cs.cmu.edu/ ～ iwan/ 1394/index.html.